KB004213

질문
하는
과학실

과학실

학연플러스 지음 | 이선주 옮김

뜨인돌

CONTENTS

01 생물

02 화학

03 물리

04 지구과학

이 책의 특징과 사용법

개념을 외우기 어렵다고 과학을 포기할 필요는 없습니다.
이 책은 생활 속의 다양한 사건이나 현상들이 생기는 이유를 찾으며 과학 교과와 연결된 중요한 지식을 쉽게 소개합니다. 책을 읽다 보면 지식의 조각들이 자연스레 맞추어지고, 과학의 원리와 의미를 깨닫게 됩니다. 이 과정을 반복하다 보면 어려운 문제를 마주하는 힘이 생기고, 머리에 오래 남는 진짜 지식을 갖추게 되겠지요.
이 책을 통해 여러분이 조금이라도 과학을 좋아하게 되기를 바랍니다.

–학연플러스

등장인물

이해 선생님
과학이라면 뭐든지 알고 있는 믿음직한 선생님이다. 엉뚱한 질문에도 친절하게 대답해 준다.

원리 군
엉뚱하고 솔직한 성격이다. 과학은 잘하지 못하지만, 가끔 반짝이는 생각을 떠올리기도 한다.

이 책의 구성

교과서에 잘 나오는 문제나 중학생 여러분이 궁금해할 만한 문제를 실었습니다.

Q. 01

장작이나 양초가 타면 왜 항상 **이산화탄소**가 생기나요?

A.

답 예시
이 답과 똑같지 않아도 의미가 같으면 정답입니다.

함께 알아 둬요!
문제와 관련된 지식들을 대화 형식으로 담았습니다.

[확인 테스트]
과목별로 있습니다. 실력이 늘었는지 확인해 봅시다.

[더 깊이 원리를 찾는 다섯 가지 질문]
각 과목의 학습이 끝나면, 이 문제에도 도전해 보세요.

01 생물

생물 | 요약정리로 미리 보는 핵심 포인트

생물에서 중요한 부분을 정리했습니다.
퀴즈를 풀다 막힐 때는 이 페이지를 다시 확인해 보세요!

현미경 사용법

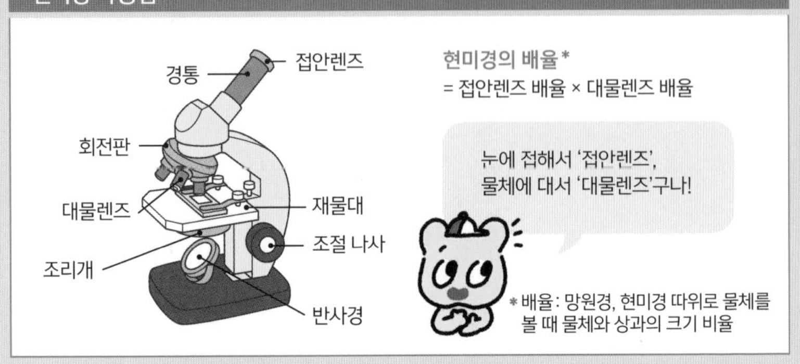

* 배율: 망원경, 현미경 따위로 물체를 볼 때 물체와 상과의 크기 비율

식물의 분류

▶ Q01, 04, 06, 07

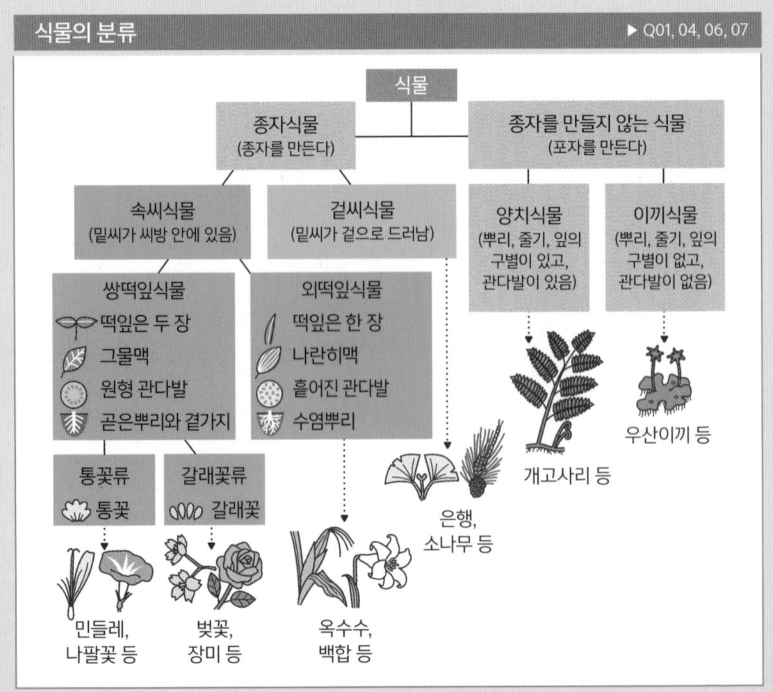

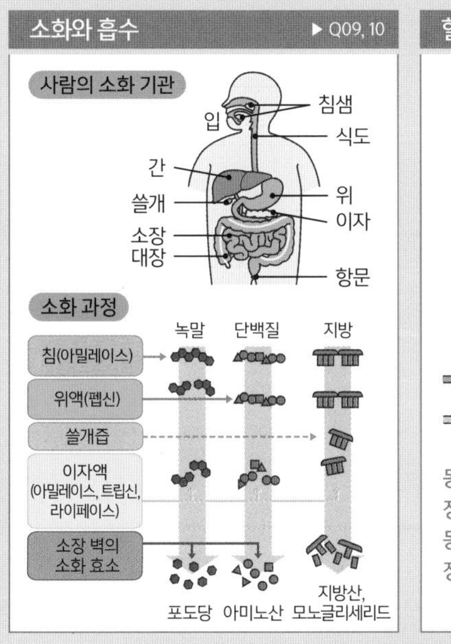
소화와 흡수
▶ Q09, 10
사람의 소화 기관
입
침샘
식도
간
쓸개
위
이자
소장
대장
항문
소화 과정
녹말
단백질
지방
침(아밀레이스)
위액(펩신)
쓸개즙
이자액
(아밀레이스, 트립신,
라이페이스)
소장 벽의
소화 효소
포도당
아미노산
지방산,
모노글리세리드

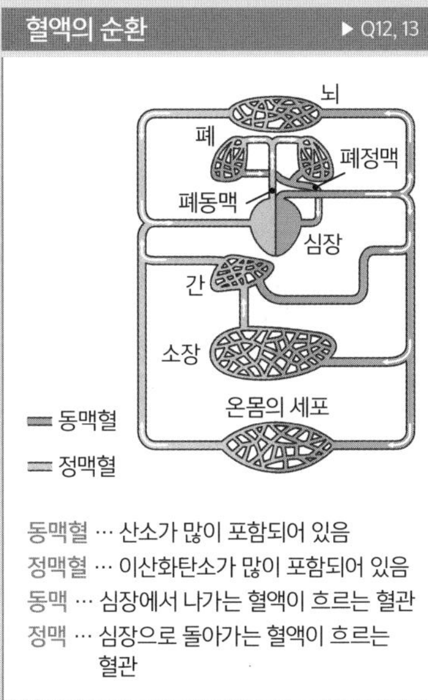
혈액의 순환
▶ Q12, 13
뇌
폐
폐정맥
폐동맥
심장
간
소장
온몸의 세포
동맥혈
정맥혈
동맥혈 … 산소가 많이 포함되어 있음
정맥혈 … 이산화탄소가 많이 포함되어 있음
동맥 … 심장에서 나가는 혈액이 흐르는 혈관
정맥 … 심장으로 돌아가는 혈액이 흐르는 혈관

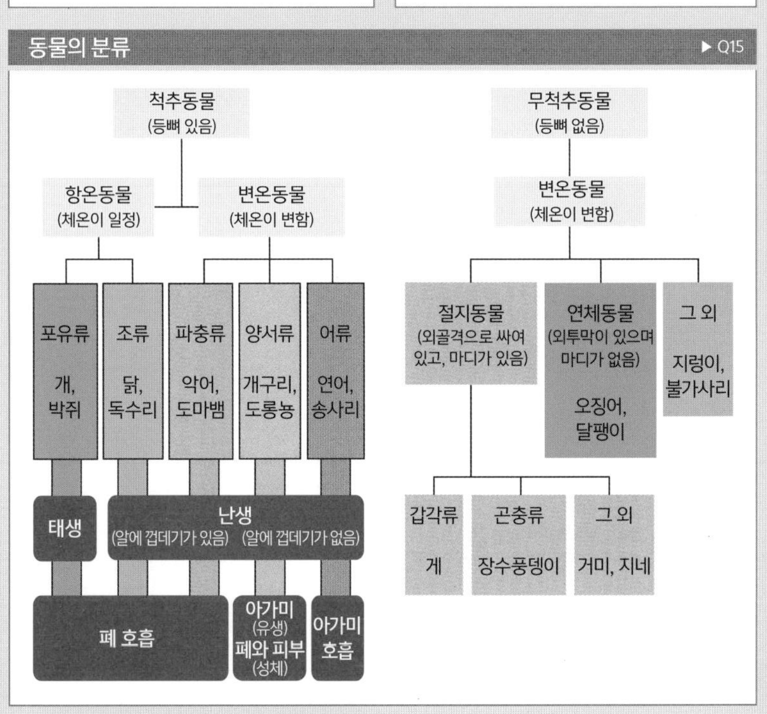
동물의 분류
▶ Q15
척추동물
(등뼈 있음)
항온동물
(체온이 일정)
변온동물
(체온이 변함)
포유류
개, 박쥐
조류
닭, 독수리
파충류
악어, 도마뱀
양서류
개구리, 도롱뇽
어류
연어, 송사리
태생
난생
(알에 껍데기가 있음)
(알에 껍데기가 없음)
폐 호흡
아가미
(유생)
폐와 피부
(성체)
아가미 호흡
무척추동물
(등뼈 없음)
변온동물
(체온이 변함)
절지동물
(외골격으로 싸여 있고, 마디가 있음)
연체동물
(외투막이 있으며 마디가 없음)
오징어, 달팽이
그 외
지렁이, 불가사리
갑각류
게
곤충류
장수풍뎅이
그 외
거미, 지네

세포의 구조 ▶ Q08

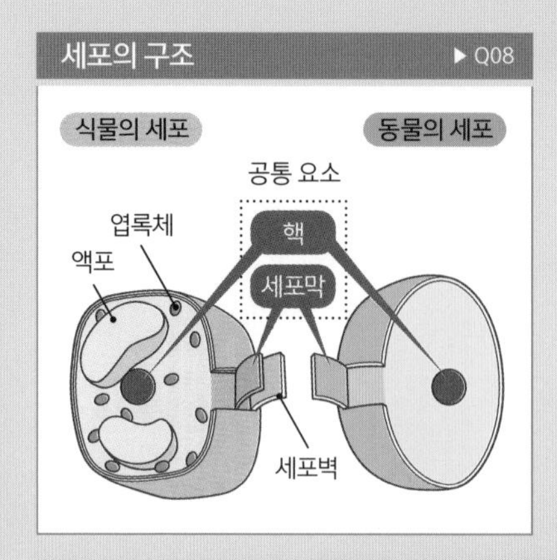

뿌리의 성장 ▶ Q17

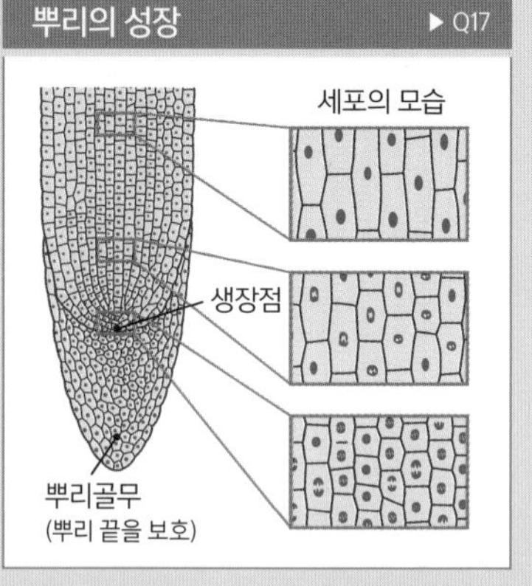

세포 분열 과정 ▶ Q17

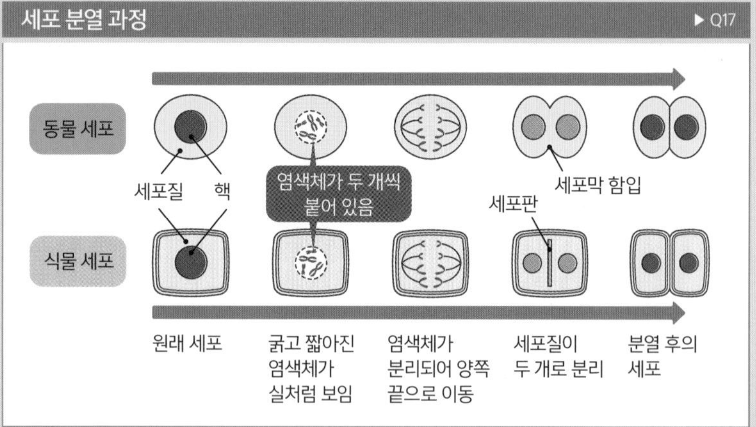

무성 생식과 유성 생식 ▶ Q18-20

	무성 생식	유성 생식
특징	수정하지 않고 새로운 개체를 만든다. (분열, 출아, 영양 생식)	감수 분열로 생긴 생식 세포가 수정하여 새로운 개체가 된다.
염색체 전달 방법	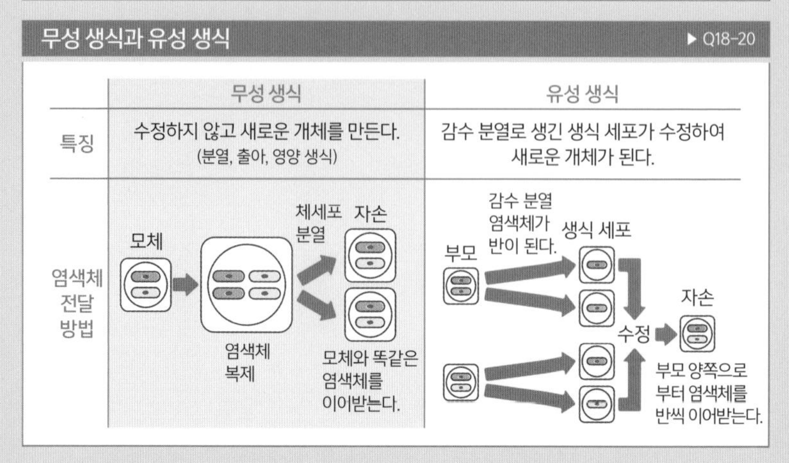	

【식물과 에너지】

Q.01

난이도 ★ 중요도 ★★

버찌와 은행 중, **씨를 먹는 것**은?

나무의 모습은 비슷하지만, 종류에 따라 열매가 생기는 것과 열매가 생기지 않는 것이 있어요.

A.

[버찌와 은행의 먹는 부분]

정답은 은행입니다. 버찌는 씨를 둘러싼 열매이고, 은행은 씨 부분이에요.

벚나무 (속씨식물)

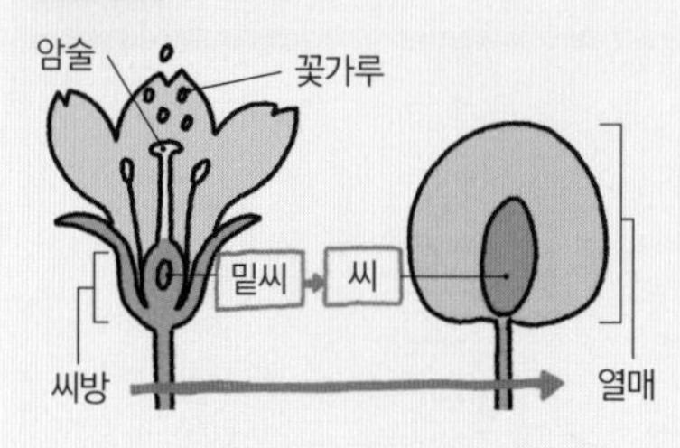

밑의 씨방이 열매(버찌)가 됩니다.

은행나무(암꽃) (겉씨식물)

씨방이 없으므로 열매가 생기지 않고 밑씨가 자라 씨(은행)가 됩니다.

- 밑씨가 씨방에 싸여 있는 식물을 속씨식물이라고 합니다. 꽃가루받이(수분) 후 씨방이 성장하여 열매가 되고, 밑씨는 씨(종자)가 됩니다.
- 밑씨가 겉으로 드러나 있는 식물을 겉씨식물이라고 합니다. 꽃가루받이 후 밑씨가 성장하여 씨가 됩니다. 씨방이 없어 열매는 생기지 않습니다.

함께 알아 둬요! [속씨식물과 겉씨식물]

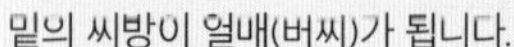

은행나무는 꽃이 활짝 피지 않는 것 같아요.

그렇지. 은행나무는 겉씨식물로, 꽃에 속씨식물에 있는 꽃잎이나 꽃받침이 없거든.

네? 꽃에 꽃잎이 없다고요?

겉씨식물의 꽃은 **암꽃**과 **수꽃**으로 구분되며, 각각 암술과 수술의 역할을 한단다. 소나무처럼 나무 한 그루에 둘 다 피기도 하고 은행나무처럼 나무에 따라 암꽃이나 수꽃 중 한쪽만 피기도 하지.

그럼, 꽃가루받이 방법도 다른가요?

속씨식물은 암술머리에 꽃가루가 붙지만, 겉씨식물은 꽃가루가 암꽃의 밑씨에 직접 붙는단다.

⊘한 걸음 더 은행나무는 암나무와 수나무가 따로 있어요. 암꽃은 암나무에, 수꽃은 수나무에 피어요.

속씨식물의 꽃

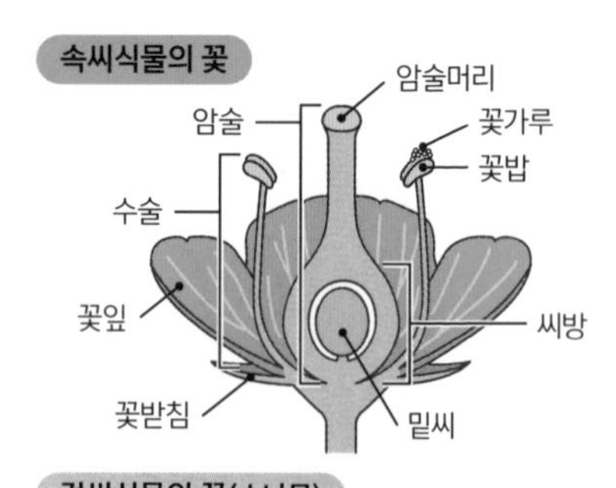

겉씨식물의 꽃(소나무)

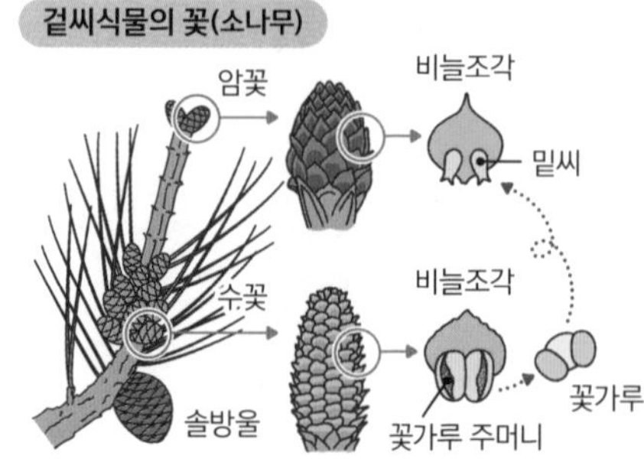

【식물과 에너지】

Q. 02

난이도 ★★ 중요도 ★★★

왜 과일이나 작물은 **물이나 일조량이 부족**하면 잘 자라지 않나요?

식물이 성장하는 데 필요한 영양분을 만드는 작업을 뭐라고 하나요?

A. [물이나 빛이 부족하면 식물이 잘 자라지 못하는 이유]
식물은 물과 빛이 없으면 광합성*을 할 수 없어 영양분을 만들지 못하기 때문입니다.

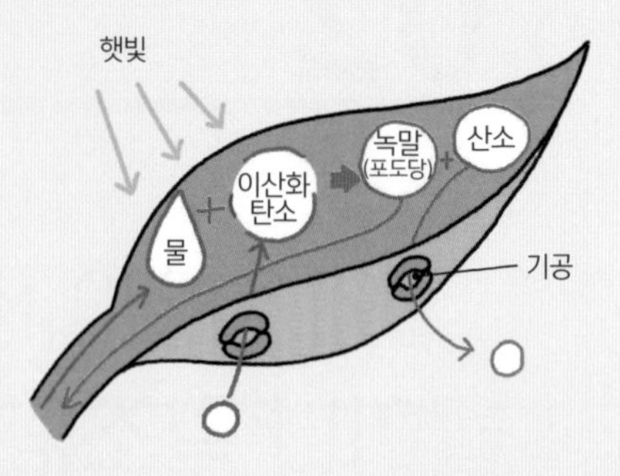

식물이 광합성을 하려면

①빛을 받고
②뿌리에서 물을 빨아올리고
③기공에서 이산화탄소를 빨아들여야 해요.

받아들인 빛 에너지와 재료(물, 이산화탄소)를 사용하여 엽록체에서 녹말(영양분)과 산소를 만들어 내지요.

*광합성: 식물이 빛을 이용해 스스로 영양분을 만드는 과정

- 광합성에는 빛과 물, 그리고 이산화탄소가 필요합니다.
- 광합성의 결과, 녹말과 같은 영양분과 산소가 생깁니다.

함께 알아 둬요! [엽록체]

저도 광합성을 할 수 있나요?

아쉽지만 그건 어렵겠는걸. 넌 몸이 초록색도 아니잖아.

왜 안 되나요?

광합성을 하려면 **엽록체**라는 초록색 세포가 필요하거든. 넌 그게 없어.

엽록체는 어디에 있는데요?

잎의 세포 안에 많이 있단다. 작아서 우리 눈에 하나하나 보이지는 않지만, 잎의 초록색은 엽록체의 색이야.

엽록체에서 만들어진 녹말은 어떻게 되나요?

물에 잘 녹는 물질로 바뀌어 잎 속에 있는 관을 통해 식물 전체로 운반되지. 식물의 성장이나 열매를 만드는 데 사용된단다.

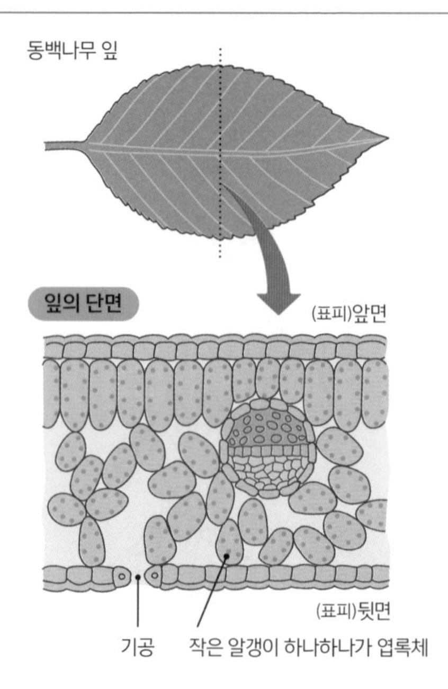

【식물과 에너지】

Q. 03

난이도 ★★　　중요도 ★★

식물에게 필요한 것은 이산화탄소와 산소 중 어느 쪽일까요?

식물은 살기 위해 광합성과 ○○을 하지요. ○○은 동물도 해요!

[식물에게 필요한 기체]

식물은 이산화탄소와 산소가 모두 필요합니다.

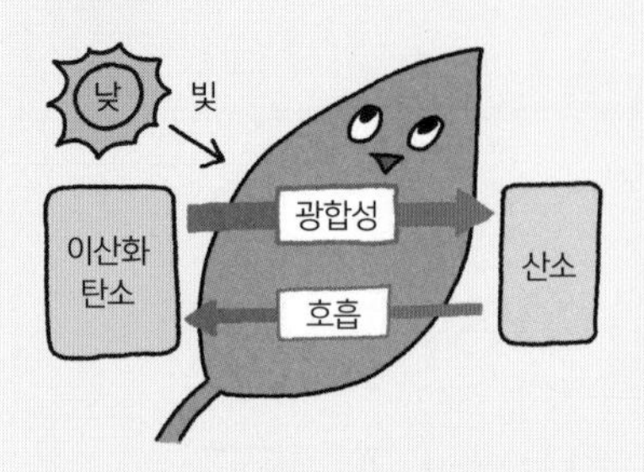

밤
Zzz
이산화
탄소
호흡
산소

1 낮에는 이산화탄소를 사용하는 광합성, 산소를 사용하는 호흡 모두를 합니다.

2 밤에는 산소를 사용하여 호흡만 합니다.

- 광합성은 빛이 있는 낮에만 합니다. 호흡은 24시간 계속되지요.
- 광합성과 호흡에 사용되는 기체는 주로 기공을 통해 드나듭니다.

함께 알아 둬요! [기체가 드나드는 양]

식물도 호흡하는군요! 광합성 때문에 이산화탄소만 필요한 줄 알았어요.

빛 에너지로 영양분을 만드는 광합성과는 다르게, 호흡은 영양분에서 에너지를 얻는 작용이란다. 산소와 이산화탄소 둘 다 필요하지.

낮에는 광합성과 호흡을 비슷한 정도로 하나요?

햇빛이 강하면 광합성 작용이 호흡 작용보다 커진단다. 산소를 호흡에 사용하는 양보다 더 많이 방출하고, 호흡에서 방출하는 이산화탄소의 양보다 더 많은 이산화탄소를 흡수하지.

아하! 그래서 낮에는 이산화탄소를 들이마시고 산소를 내놓는 것처럼 보이는군요.

광합성과 호흡

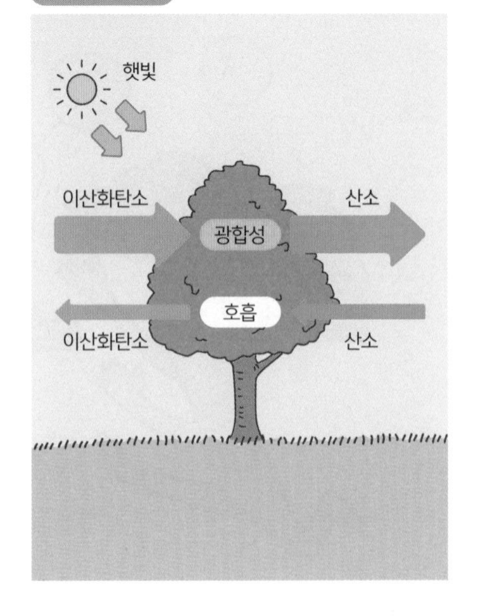

난이도 ★ 중요도 ★★

왜 모든 잎에는 **핏줄 같은** 잎맥이 있을까요?

잎맥을 이루는 관은 줄기에서 식물 전체로 이어져 있지요.

가 빗방울을 잘 튕겨 내어 잎이 썩는 것을 막기 위해서이다.

나 뿌리에서 끌어 올린 물을 운반하거나 잎에서 만든 영양분을 운반하기 위한 것이다.

다 잎을 다른 동물에게 먹히지 않게 하려는 것이다.

[잎맥이 있는 이유]

A. 나

뿌리에서 끌어 올린 물을 운반하거나, 잎에서 광합성으로 만든 영양분을 식물 전체로 전달하기 위한 것입니다.

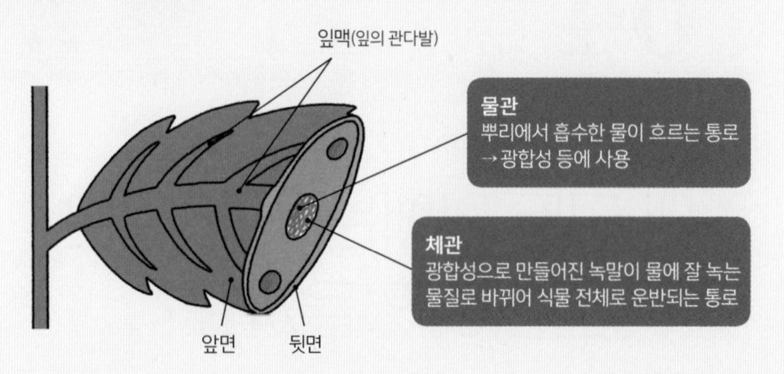

• 잎맥은 물이 이동하는 통로인 물관과 잎에서 만들어진 양분이 이동하는 통로인 체관이 모인 것(관다발)입니다.

함께 알아 둬요! [그물맥과 나란히맥]

물관과 체관을 묶어서 관다발이라고 하나요?

그렇지. '다발'은 묶음이라는 의미니까. 잎의 관다발(잎맥)은 줄기의 관다발과 이어져 있어. 앞면에 물관, 뒷면에 체관이 있단다.

식물마다 잎맥이 퍼진 모습이 다른가요?

맞아! 벚꽃의 잎처럼 그물 모양으로 맥이 퍼져 있는 **그물맥**과 억새잎처럼 맥이 평행하게 지나가는 **나란히맥**이 있단다.

그렇군요! 어떻게 다른가요?

그물맥은 떡잎이 두 장 나오는 **쌍떡잎식물**에서, 나란히맥은 떡잎이 한 장인 **외떡잎식물**에서 볼 수 있지. 관다발이 배열된 모습도 각각 다르단다.

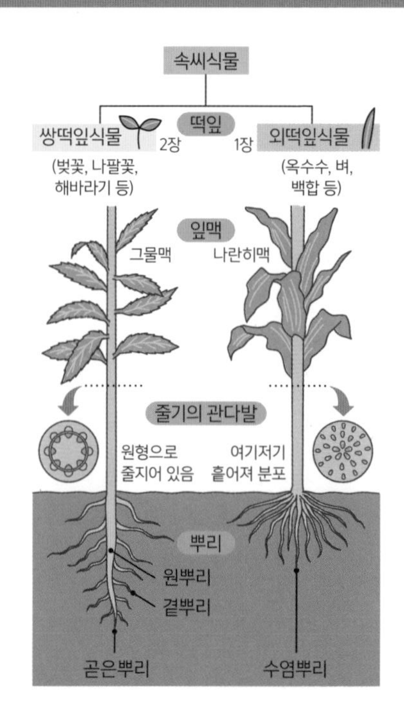

【식물과 에너지】

Q. 05

난이도 ★ 중요도 ★★

식물이 뿌리에서 빨아들인 **물은 어디로** 가나요?

물은 줄기의 물관을 통해 잎까지 운반됩니다. 물이 식물의 위쪽으로 올라갈 수 있는 이유는 무엇일까요?

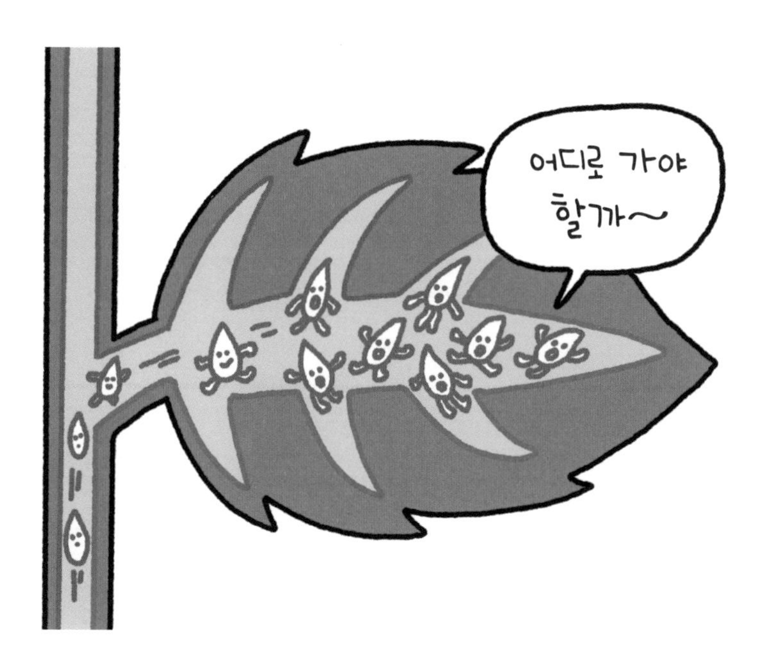

A. [식물이 뿌리에서 빨아들인 물이 가는 곳]

물은 광합성의 재료가 되지만, 대부분은 잎에서 수증기가 되어 빠져나갑니다. 이 현상을 증산 작용이라고 합니다.

뿌리에서 흡수된 물은 뿌리의 물관→줄기의 물관→잎의 물관(잎맥) 순으로 운반됩니다.
물의 일부는 광합성의 재료가 되지만, 대부분은 증산 작용으로 잎의 기공을 통해 수증기가 되어 공기 중으로 빠져나갑니다. 식물은 기공으로 물을 내보내면 부족해진 물을 보충하려고 물을 끌어 올립니다.

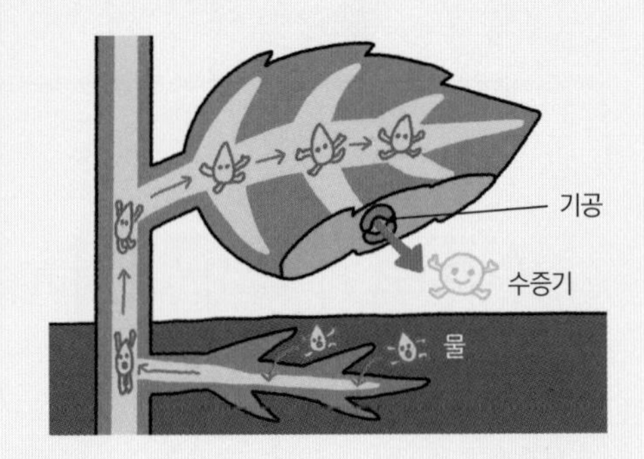

- 물은 증산 작용으로 잎의 기공에서 수증기가 되어 날아갑니다.
- 식물은 증산 작용으로 부족해진 물을 보충하려고 물을 계속 끌어 올립니다.

함께 알아 둬요! [기공]

기공은 앞에서도 나왔던 거죠?

광합성을 배울 때 나왔지. 기공은 광합성이나 호흡을 할 때는 산소와 이산화탄소의 출입구가 되고, 증산 작용을 할 때는 수증기의 출구가 된단다.

기공은 어디에 있어요?

증발하는 물의 양을 조사해 보면, 잎의 뒷면에서 많은 양이 증산돼. 그러니까 기공은 잎의 뒷면에 많이 있다는 사실을 알 수 있지.

증산하는 양은 어떻게 조절하나요?

기공은 좌우에 있는 **공변세포**의 작용으로 열리고 닫히는데, 광합성 할 때의 기체 출입이나 증산하는 양을 조절하는 거야. 오른쪽 그림처럼 열리거나 닫힌단다.

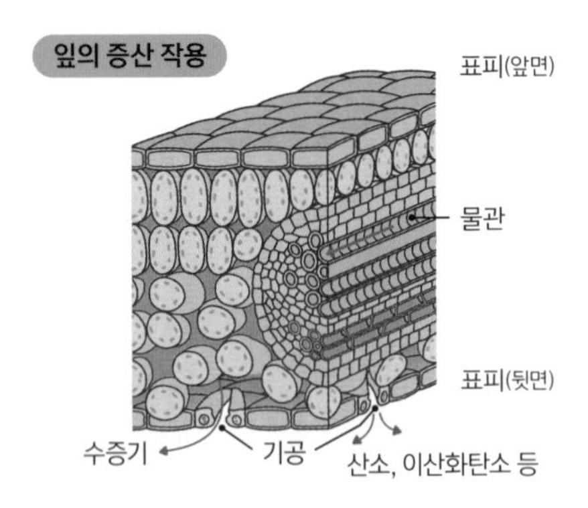

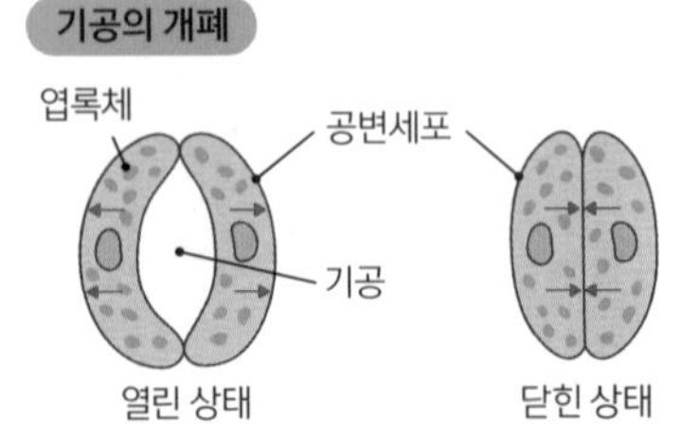

⊘한 걸음 더 삼나무와 비슷한 종류인 세쿼이아는 증산 작용으로 100m 높이까지 물을 끌어 올립니다.

【식물과 에너지】

Q. 06

난이도 ★ 중요도 ★★

양치식물이나 이끼식물은 왜 **꽃이 피지 않나요?**

꽃이 피는 식물은 씨(종자)를 만들어 번식하지요.
양치식물이나 이끼는 씨 대신 무엇을 만들까요?

[양치식물이나 이끼식물에 꽃이 피지 않는 이유]

양치식물이나 이끼식물은 종자(씨)가 아니라 포자(홀씨)로 번식하기 때문입니다.

종자식물

꽃

씨(종자)

꽃이 피면 씨가 생깁니다.

양치식물

잎의 뒷면

포자낭

포자

잎의 뒷면에 있는 포자낭에서 포자가 튀어나옵니다.

이끼식물

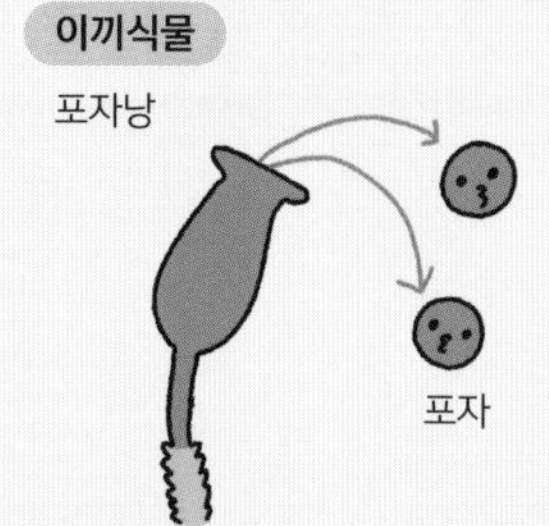

암그루에서 자라난 포자낭에서 포자가 튀어나옵니다.

- 씨(종자)를 만드는 식물을 종자식물이라고 합니다.
- 씨(종자)를 만들지 않는 양치식물이나 이끼식물은 포자(홀씨)로 번식합니다.

함께 알아 둬요! [양치식물과 이끼식물]

양치식물이나 이끼식물도 식물이죠?

물론이지. 종자식물과 마찬가지로 모두 엽록체에서 광합성을 한단다.

양치식물과 이끼식물의 차이는 뭔가요?

양치식물은 뿌리, 줄기, 잎을 구별할 수 있고 **관다발**이 있어. 이끼식물은 뿌리, 줄기, 잎을 구별할 수 없고 **관다발**이 없어.

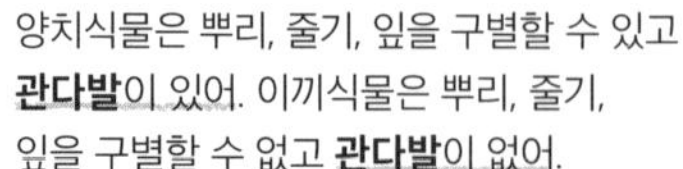

이끼식물에는 뿌리, 줄기, 잎이 없다고요?

몸의 구조가 뿌리, 줄기, 잎으로 나뉘어 있지 않다는 거야. 이끼식물에서 뿌리처럼 보이는 것은 **헛뿌리**란다. 몸을 바위나 지면에 고정하는 역할을 하지.

그럼, 물은 어떻게 흡수하나요?

몸 전체의 표면으로 흡수한단다. 그래서 축축한 곳에서 더 잘 자라는 거야.

이끼식물의 생김새

[우산이끼]

[솔이끼]

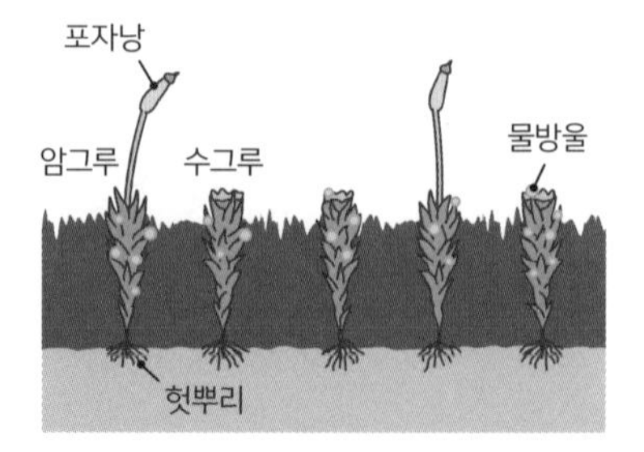

【식물과 에너지】

Q. 07

난이도 ★ 중요도 ★

벚꽃과 민들레 중 꽃잎이 더 많은 것은?

민들레에서 꽃 한 송이는 얼만큼일까요? 겉모습에 속으면 안 돼요!

A.

[벚꽃과 민들레 꽃잎의 수]

벚꽃과 민들레꽃은 꽃잎의 수가 같습니다.
두 꽃 모두 다섯 장이지요.

민들레꽃을 분해해 보면 작은 꽃들이 많이 모여 만들어져 있다는 사실을 알 수 있습니다. 꽃 하나하나에 암술, 수술, 꽃잎, 꽃받침이 모두 있지요. 하나의 꽃은 다섯 장의 꽃잎으로 구성되어 있습니다.

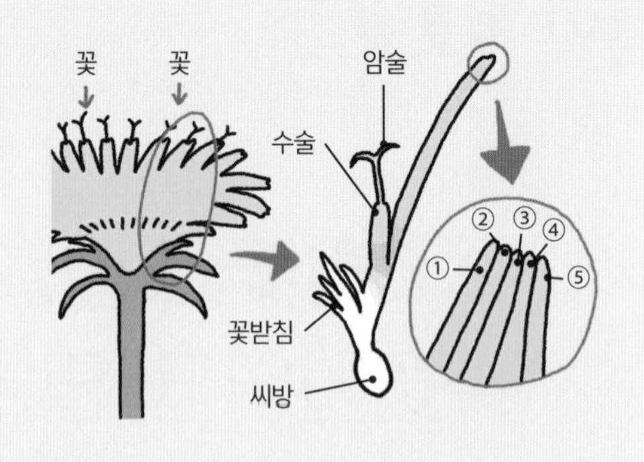

- 벚꽃과 같이 꽃잎이 떨어져 있는 식물을 갈래꽃류라고 합니다.
- 민들레와 같이 꽃잎들이 붙어 있는 식물을 통꽃류라고 합니다.

함께 알아 둬요! [식물의 분류]

식물을 다양하게 분류할 수 있네요. 공통점은 무엇인가요?

엽록체로 **광합성**을 한다는 것이지.

그럼, 가장 크게 식물을 나누는 기준은 뭐죠?

씨(종자)를 만드는지, 만들지 않는지로 구분하는 것이지. 종자를 만들지 않는 식물은 **포자(홀씨)**로 번식한단다.

포자를 만드는 것은 양치식물과 이끼식물이죠?

맞아. 반면 종자를 만드는 식물은 밑씨의 상황에 따라 속씨식물과 겉씨식물로 나뉘지. 속씨식물은 거기서 또 자세히 나누어진단다.

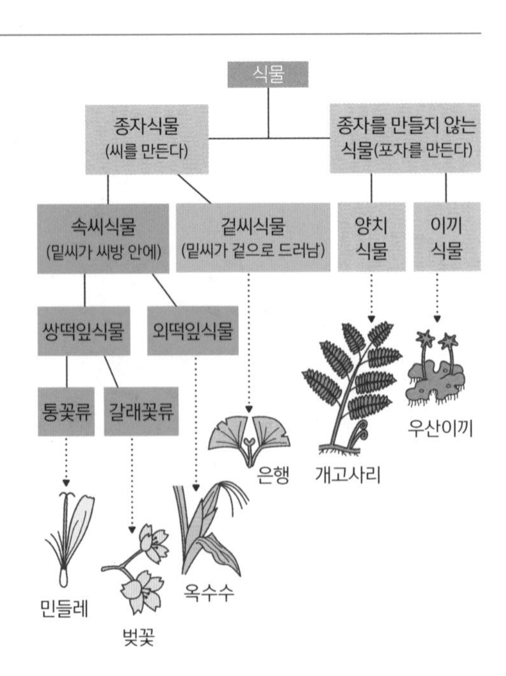

【동물과 에너지】

Q. 08

난이도 ★ 중요도 ★★★

사람이나 고양이의 몸은 부드러운데 **식물**의 몸은 **왜 단단할까요?**

식물의 세포에는 있고 동물의 세포에 없는 것이 있어요.
세포 구조의 차이를 생각해 보세요!

A. [식물의 몸이 단단한 이유] 식물의 세포는 세포벽으로 둘러싸인 단단한 구조이기 때문입니다.

사람 같은 동물의 세포는 세포 하나하나가 얇은 막으로 싸여 있습니다.

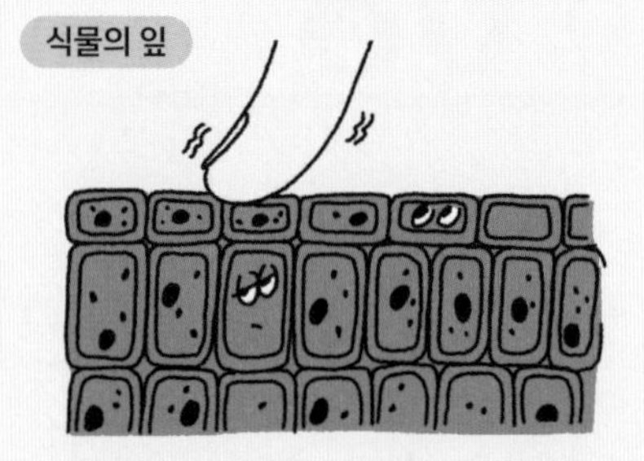

식물의 세포는 세포 하나하나가 두꺼운 벽으로 싸여 있는 튼튼한 구조입니다.

- 식물의 세포에는 세포벽이 있습니다.
- 세포벽은 식물의 형태를 유지하고 세포 내부를 보호하는 역할을 합니다.

함께 알아 둬요! [식물과 동물의 세포]

동물 세포와 식물 세포의 차이는 세포벽뿐인가요?

엽록체는 식물의 세포에만 있단다. 그리고 **액포**도 주로 식물에만 있어.

엽록체는 그림에 있는 초록색 알갱이죠.

그렇지. 광합성을 하는 곳으로 식물에만 있지.

액포는 무슨 일을 하는 곳인가요?

액포 내의 세포액에 필요 없는 물질을 모으거나 세포의 수분량을 조절한단다.

그림을 보니 동물 세포와 식물 세포 모두 핵과 세포막이 있네요.

핵은 각 세포에 하나씩만 있어. 핵 속에는 중요한 유전자가 있지. 핵을 둘러싼 부분 중 세포벽을 제외한 부분을 **세포질**이라고 부른단다.

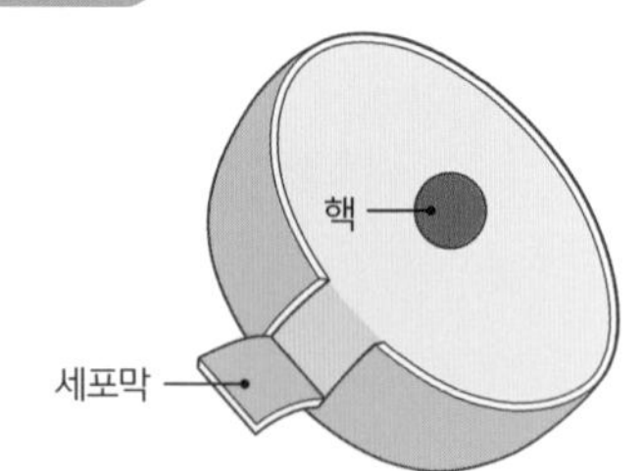

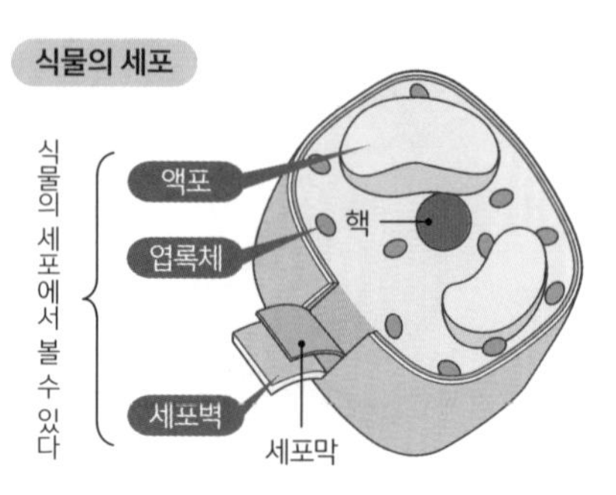

【동물과 에너지】

Q. 09

난이도 ★★ 중요도 ★★★

입에 음식이 들어가면 **침이 나오는 이유**는?

음식이 입에 들어가면 소화가 즉시 시작되지요.
침의 역할을 생각해 보세요.

A. [침이 나오는 이유]
침에 들어 있는 소화 효소로 음식 속의 녹말을 분해하기 위해서입니다.

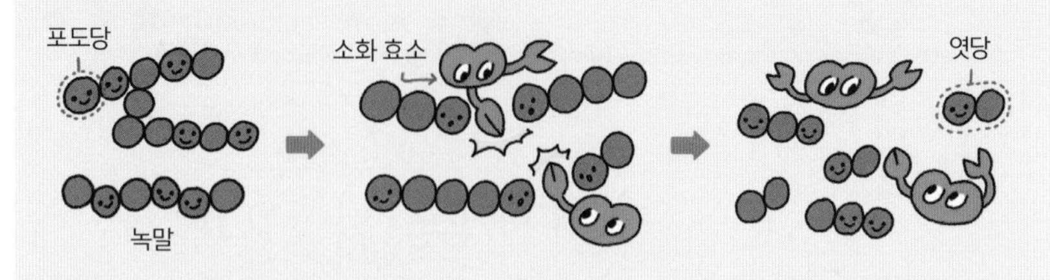

1 녹말은 포도당들이 연결된 것입니다.

2 침 속의 소화 효소가 녹말을 분해합니다.

3 포도당 두 개가 결합된 엿당이 됩니다.

- 침은 음식을 소화하는 소화액입니다.
- 소화액 속의 소화 효소는 음식의 영양분을 분해하는 작용을 합니다.

함께 알아 둬요! [소화의 흐름]

녹말 말고 다른 영양분이 든 음식을 먹었을 때는 어떻게 돼요?

음식의 영양분으로는 녹말 같은 탄수화물이나 단백질, 지방이 있단다. 각각의 영양분에 맞는 **소화액**이 따로 있지.

네? 소화액이 한 가지만 있는 게 아니란 말씀이세요?

입이나 위, 소장 등에서 침, 위액, 쓸개즙, 이자액과 같은 다양한 소화액이 나온단다.

소화되고 나면 어떻게 되나요?

소화액 속의 소화 효소들이 영양분을 최종적으로 **포도당**, **아미노산**, **지방산**과 **모노글리세리드**가 될 때까지 분해하지. 몸에 흡수되기 좋은 물질로 만드는 거란다.

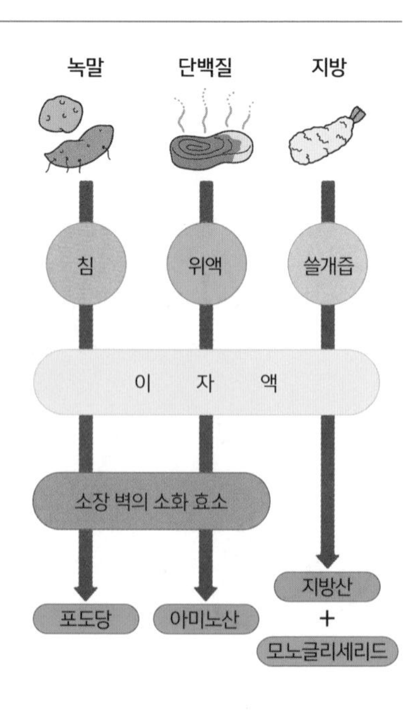

⊘한 걸음 더 녹말에는 아밀레이스, 단백질에는 펩신과 트립신, 지방에는 라이페이스라는 소화 효소가 작용합니다.

【동물과 에너지】

Q. 10

난이도 ★★ 중요도 ★★★

음식의 영양분이 **소장**에서 **효율적**으로 흡수될 수 있는 이유는?

소장 벽에 있는 주름을 생각해 보세요!

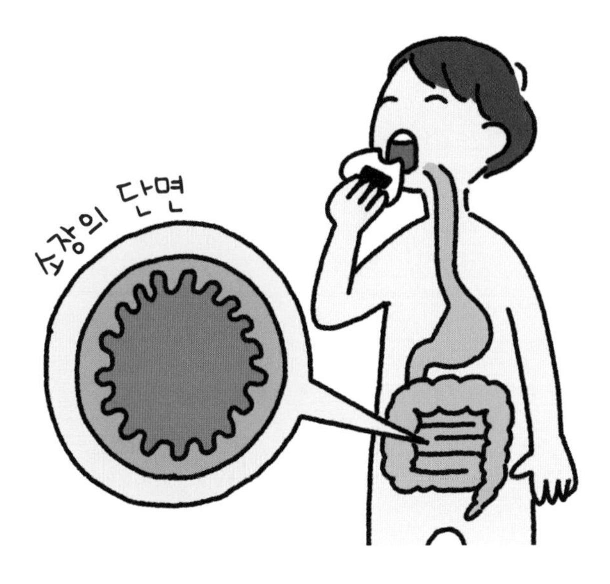

A. [소장에서 영양분을 효율적으로 흡수할 수 있는 이유]
소장에는 무수히 많은 융털이 있어 영양분을 흡수할 수 있는 표면적이 넓어지기 때문입니다.

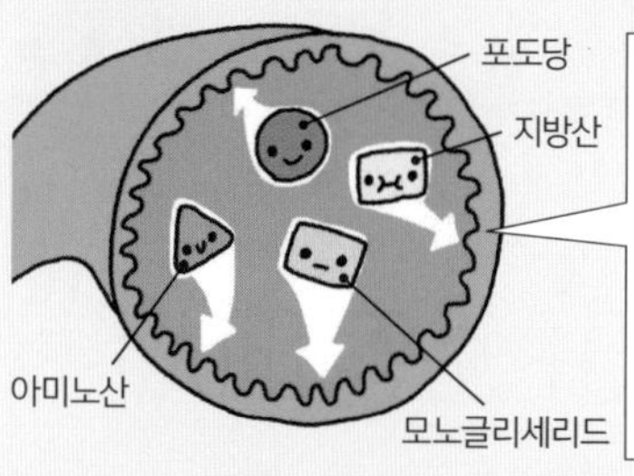

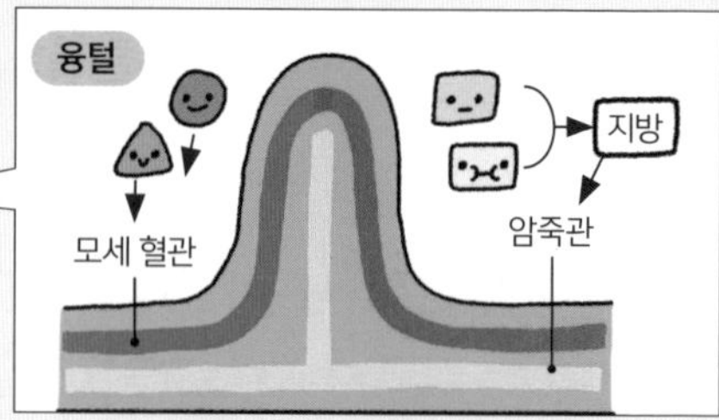

1 소화로 분해된 영양분은 소장의 벽에 있는 작은 돌기(융털)에서 흡수됩니다.

2 융털로 흡수된 영양분은 모세 혈관이나 암죽관으로 들어갑니다.

- 소장의 무수히 많은 융털 덕분에 영양분이 효율적으로 흡수됩니다.
- 융털로 흡수된 영양분은 모세 혈관이나 림프관을 거쳐 온몸으로 운반됩니다.

함께 알아 둬요! [영양분의 흡수]

영양분은 융털에서 어디로 가나요?

포도당과 아미노산은 모세 혈관을 통해 먼저 간으로 운반되지.

간에서 어떻게 되나요?

포도당 일부가 글리코겐으로 바뀌어 저장되고, 남은 것은 심장을 통해 온몸으로 보내진단다.

아미노산은요?

간에서 일부가 단백질로 합성된 후 심장에서 온몸으로 보내지지.

지방산과 모노글리세리드는요?

융털에서 흡수되면 다시 지방으로 바뀌어 암죽관을 통해 림프관으로 들어가. 림프관은 목 아래에서 정맥으로 이어져 있어. 이곳을 통해 영양분이 심장으로 가서 온몸으로 보내지는 거야.

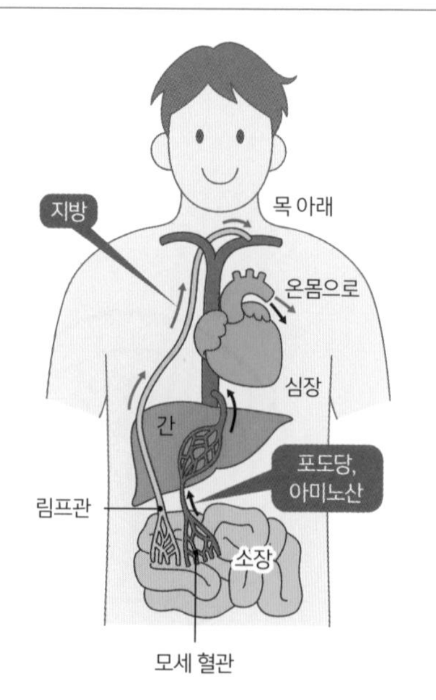

【동물과 에너지】

Q. 11

난이도 ★ 중요도 ★★

숨을 들이쉬면
왜 폐가 부풀까요?

폐에는 근육이 없어요. 폐 근처에 있는 기관을 생각해 보세요.

가 숨을 들이쉬어 공기의 압력이 커지기 때문입니다.

갈비뼈와 횡격막이 움직여 흉강이 넓어지기 때문입니다.

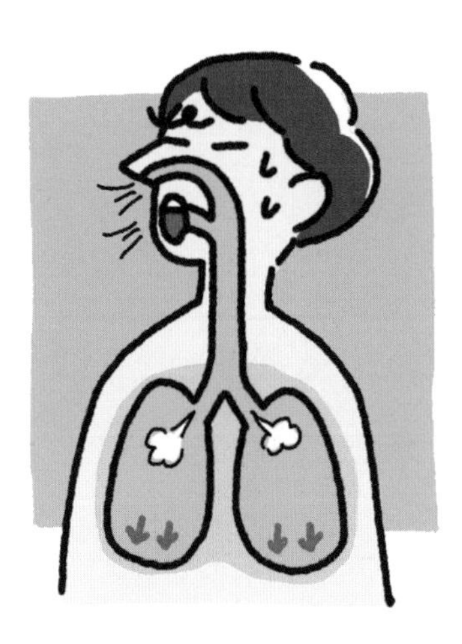

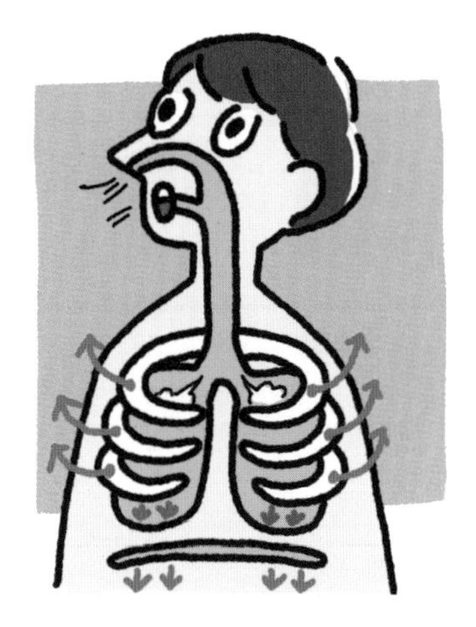

[폐가 부푸는 원리]

나 갈비뼈와 횡격막이 움직이면서 흉강(가슴 안 공간)이 넓어지므로 폐의 부피도 증가합니다.

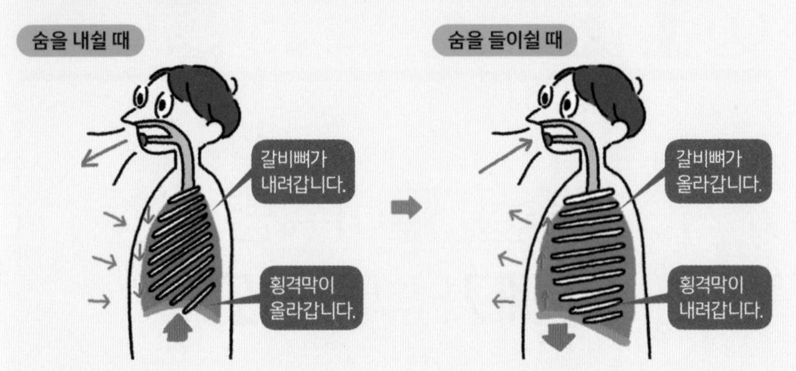

- 폐에는 근육이 없어 갈비뼈와 횡격막의 움직임으로 호흡이 이루어집니다.
- 입이나 코로 들이쉰 공기는 기관을 통해 폐로 들어갑니다.

함께 알아 둬요! [폐의 구조]

호흡은 왜 하나요?

생명 유지에 꼭 필요한 산소를 받아들이기 위해서지.

폐로 들어간 공기는 어떻게 되나요?

목 끝에 있는 **기관**이라는 관을 통해 폐로 들어가고, 여러 갈래로 갈라진 **기관지**로 들어간단다. 그 끝에는 **폐포**라는 작은 주머니가 붙어 있어.

거기서는 무슨 일을 하나요?

공기 중의 산소가 폐포를 둘러싼 모세 혈관 안의 혈액으로 들어가고, 혈액 속의 이산화탄소는 폐포로 나오지. 이산화탄소는 내쉬는 숨에 포함되어 배출된단다.

폐포는 엄청 많이 있는 거죠?

소장의 융털이랑 비슷해. 많으면 많을수록 표면적이 넓어져 산소와 이산화탄소의 교환이 효율적으로 이루어지지.

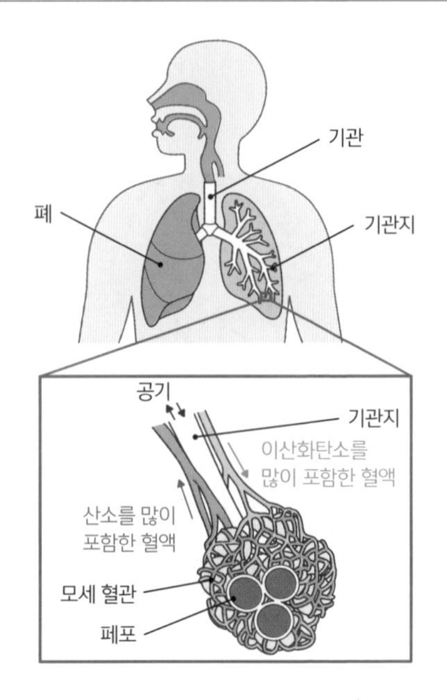

【동물과 에너지】

Q. 12

난이도 ★★ 중요도 ★★

심장은 왜 계속 **쿵쾅쿵쾅** 뛰나요?

심장은 펌프 역할을 해요. 만약 펌프가 멈추면 어떻게 될까요?

A.

[심장이 규칙적으로 움직이는 이유]

산소를 많이 포함한 혈액을 온몸으로 보내고 혈액을 순환하게 하기 위해서입니다.

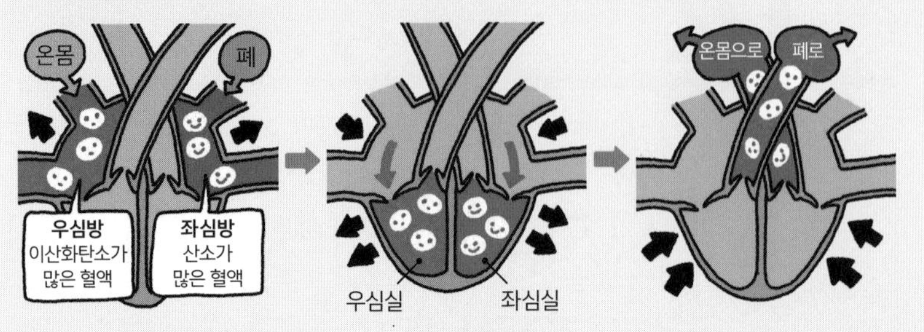

1 심방이 확장되어 정맥에서 혈액이 흘러들어 옵니다.

2 심방이 수축하고 심실이 넓어집니다.

3 심실이 수축하여 동맥으로 혈액이 흘러나갑니다.

• 심장은 확장과 수축을 반복하며 산소가 많은 혈액을 온몸으로 보냅니다.

함께 알아 둬요! [동맥과 정맥]

동맥과 정맥은 다르나요?

심장에서 나가는 혈액이 흐르는 혈관이 **동맥**, 심장으로 돌아오는 혈액이 흐르는 혈관이 **정맥**이야.

어쨌든 둘 다 혈관 아닌가요?

동맥의 혈관은 혈액의 압력을 견딜 수 있도록 벽이 두껍고 탄력이 크단다. 정맥에는 역류를 막아 주는 **판막**이 있어.

동맥혈과 정맥혈은 무엇인가요?

산소가 많은 혈액을 **동맥혈**, 산소가 적고 **이산화탄소**를 많이 포함한 혈액을 **정맥혈**이라고 부른단다. 그럼 폐정맥에 흐르는 것은 동맥혈일까, 정맥혈일까?

정맥이니까 정맥혈이요!

아쉽지만 땡! 폐에서 심장으로 돌아가는 폐정맥에는 폐에서 산소를 받은 동맥혈이 흐른단다.

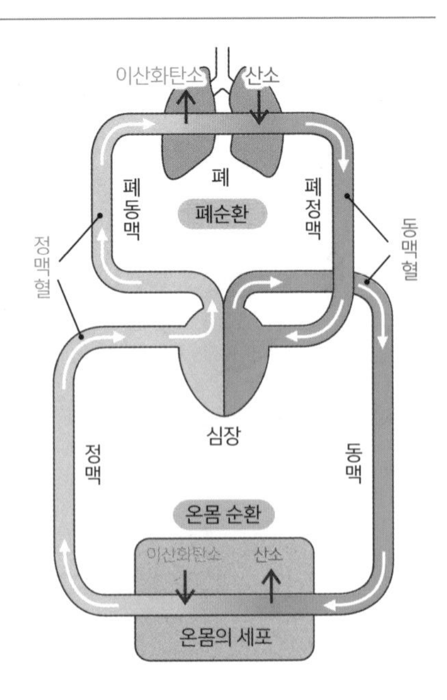

【동물과 에너지】

Q. 13

난이도 ★ 중요도 ★★

피는 왜 **붉은색**일까요?

혈액 속에 있는 어떤 물질과 관계가 있어요.

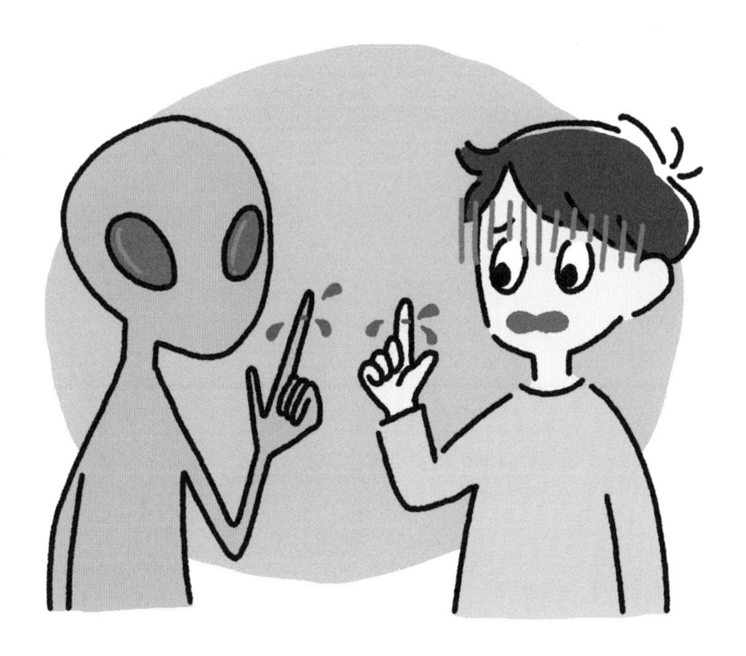

A. [혈액이 붉은 이유]
혈액 속의 적혈구에 들어 있는 헤모글로빈이라는 물질이 붉은색이기 때문입니다.

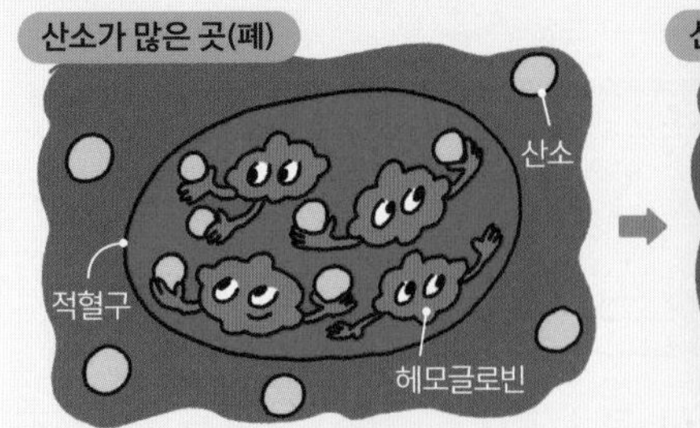

1 헤모글로빈은 산소와 결합하면 선명한 붉은색이 됩니다.

2 산소가 적은 곳에서는 헤모글로빈이 산소를 내보냅니다.

- 적혈구에는 헤모글로빈이 있습니다.
- 적혈구는 헤모글로빈의 활동을 통해 산소를 운반합니다.

함께 알아 둬요! [혈액의 성분]

혈액에는 적혈구만 있나요?

적혈구 말고도 **백혈구**나 **혈소판**, 액체 성분인 **혈장**이 있지.

어떤 역할을 하나요?

백혈구는 병의 원인이 되는 세균이나 바이러스를 분해하여 물리친단다. 혈소판은 상처에서 피가 날 때 피를 굳게 해 주지. 혈장에는 영양분이나 이산화탄소가 녹아 있는데….

알았다! 혈장은 운반 담당이군요.

맞았어! 혈장이 모세 혈관의 벽에서 스며 나와 생기는 액체를 **조직액**이라고 해. 조직액은 몸의 세포에 영양분이나 산소를 가져다준단다. 또 세포에서 나온 이산화탄소나 물 또는 불필요한 물질을 혈관으로 운반하는 역할도 하지.

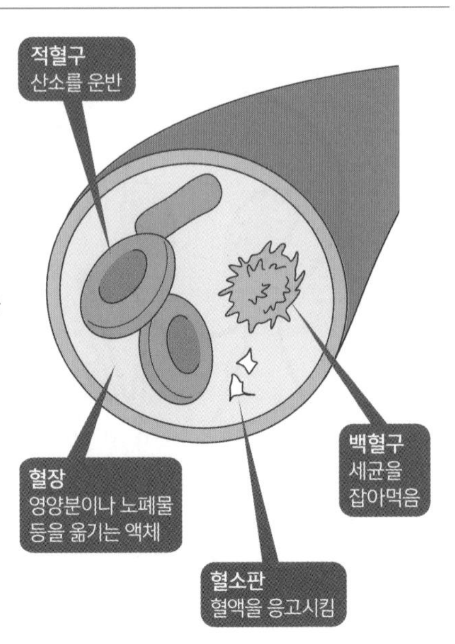

【동물과 에너지】

Q. 14

난이도 ★★　　중요도 ★★★

무릎 아래를 치면 다리 아랫부분이 저절로 튀어 올라오는 이유는?

자극에 대한 무의식 반응 중 하나입니다. 반응하는 시간이 중요해요!

[무릎 아래를 치면 다리가 저절로 움직이는 이유]
반사 반응이 무의식적으로 일어나기 때문입니다.

의식해서 일어나는 반응

다리→감각 신경→척수→뇌→척수→운동 신경→근육

반사(무의식 반응)

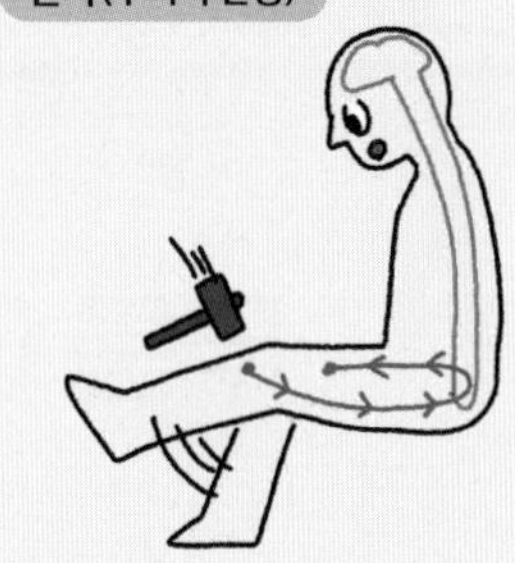

무릎→감각 신경→척수→운동 신경→근육

- 의식해서 일어나는 반응보다 무의식 반응인 반사가 반응 시간이 짧아요.
- 반사 반응에서는 척수에서 명령 신호가 나옵니다.

함께 알아 둬요! [반사의 예]

반사 반응이 왜 필요할까요?

눈에 뭔가 날아 들어올 때 무의식적으로 눈이 감기면 눈을 지킬 수 있지. 반사는 빠르게 반응할 수 있어 위험으로부터 몸을 보호한단다.

중요한 기능이네요. 반사 반응은 또 어떤 일을 하나요?

침을 분비하거나 기침이나 재채기를 할 때와 같이 무의식적인 몸의 작용을 조절하지.

반사 반응이 일어날 때, 아프거나 뜨겁다는 자극 신호는 뇌로는 전달되지 않나요?

뜨거운 물건을 만졌을 때 일단 무의식적으로 손을 떼고 난 다음에 뜨겁다는 감각이 뇌로 전달된단다.

반사의 예

눈에 벌레가 날아들 때, 눈이 저절로 감긴다

입에 음식을 넣으면 침이 나온다

뜨거운 물건이 닿으면 바로 손을 뗀다

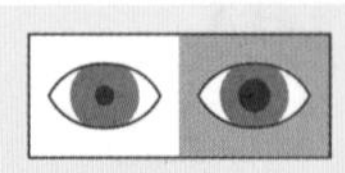
빛의 세기에 따라 눈동자의 크기가 달라진다

콧속에 이물질이 들어가면 재채기가 나온다

⊘한 걸음 더 반사 명령은 척수에서뿐만 아니라 중뇌나 연수에서도 나옵니다. 침이 나오는 것은 연수의 반사 반응이랍니다.

【동물과 에너지】

Q. 15

난이도 ★ 중요도 ★★

겨울이 되면 동물들이 잘 보이지 않는 이유는?

사람이나 새의 체온은 일 년 내내 일정하지요. 다른 동물들의 체온 변화를 생각해 보세요!

[겨울이 되면 동물의 모습이 잘 보이지 않는 이유]
기온에 따라 체온이 내려가는 변온동물은 겨울이 되면 움직임이 둔해지고, 동면하는 경우가 많기 때문입니다.

항온동물

항온동물은 주위 온도에 영향을 받지 않고 체온을 일정하게 유지합니다.

변온동물

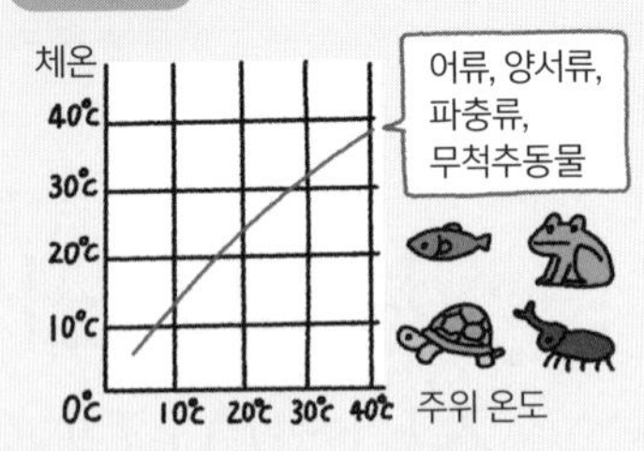

변온동물은 주위의 온도가 바뀌면 체온도 변화합니다.

- 동물은 체온이 일정한 항온동물과 체온이 변하는 변온동물이 있습니다.
- 항온동물은 조류와 포유류뿐입니다. 그 외에는 변온동물입니다.

함께 알아 둬요! [동물의 분류]

동물을 분류할 때는 무엇부터 봐야 할까요?

등뼈라고 할 수 있단다.
등뼈가 있으면 **척추동물**, 없으면 **무척추동물**이야. 척추동물은 새끼를 낳는 방법이나 호흡 방법에 따라 **어류**, **양서류**, **파충류**, **조류**, **포유류** 다섯 종류로 나눌 수 있어.

무척추동물에는 어떤 것들이 있어요?

몸의 바깥 부분이 딱딱한 껍데기(외골격)에 싸여 있고 마디가 있는 절지동물, 오징어나 문어 같은 연체동물이 있지.

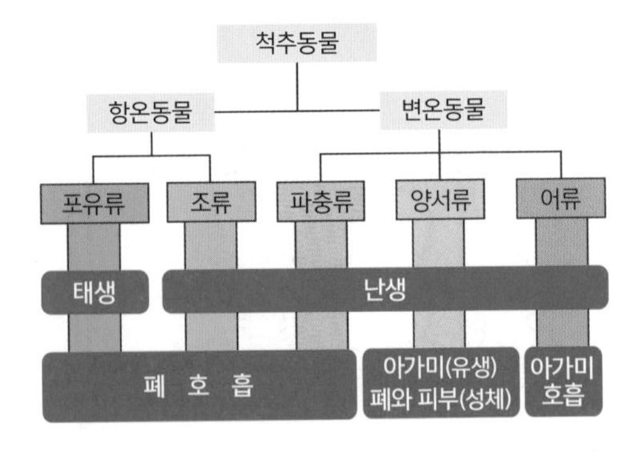

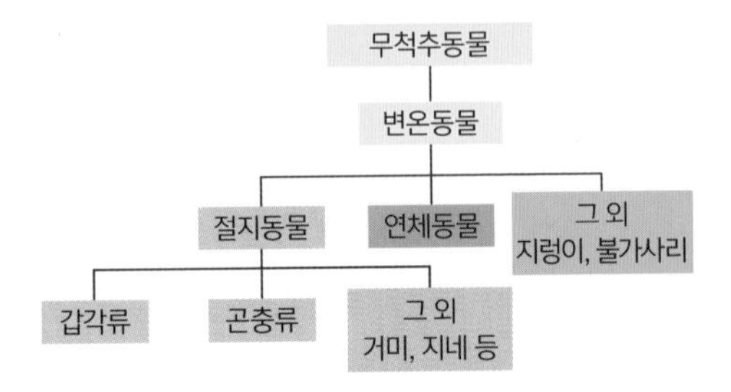

【동물과 에너지】

Q. 16

난이도 ★ 중요도 ★★

개구리, 거북, 인간은 **왜 모두 같은 조상**에서 진화되었다고 할까요?

힌트

척추동물들의 앞다리를 비교해 보면 비슷한 점이 있지요. 그게 뭘까요?

A.

[같은 조상에서 진화되었다고 하는 이유]

척추동물에 속하는 동물들이 골격 구조가 비슷한 상동기관을 가지고 있기 때문입니다.

척추동물들의 앞다리 골격을 살펴보면 기본 구조가 비슷합니다. 상동기관은 동물이 공통의 조상에서 진화했다는 증거로 여겨집니다.

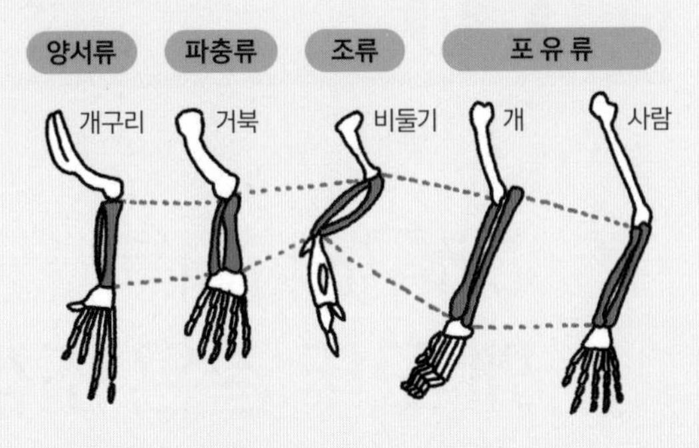

• 현재의 모습이나 역할은 다르지만, 원래는 같은 것이었다고 생각되는 기관을 상동기관이라고 합니다.

함께 알아 둬요! [진화의 증거]

 시조새라고 들어 봤니?

 시조라도 읊는 새인가요?

 아니. 새의 기원을 설명하는 중요한 동물이야. 중생대 지층 화석에서 발견됐지.

 네? 새의 이름이군요. 근데 시조새가 왜요?

 새라고 해도 될지 모르겠네. 시조새는 파충류와 조류 양쪽 모두의 특징을 지녔거든.

 파충류와 조류 사이에서 태어났다는 건가요?

 그건 아니야. 파충류와 조류의 중간 정도의 생물로 여겨진다는 거지. 조류가 파충류에서 진화했다는 증거라고도 해.

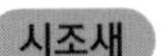

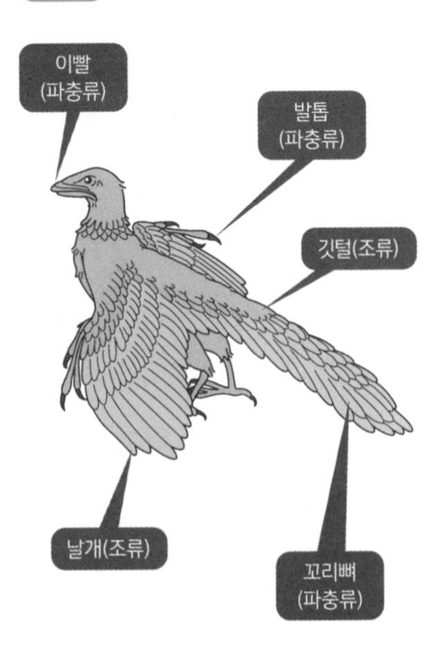

⊘한 걸음 더 오스트레일리아에 사는 오리너구리는 포유류와 파충류 양쪽의 특징을 갖추었답니다.

【생식과 발생】

Q. 17

난이도 ★★　　중요도 ★★★

식물의 뿌리가 자라는 것은 어떤 힘이 작용했기 때문일까요?

힌트

중력이 잡아당겨서 자라는 건 아니에요. 세포에서 일어나는 활동이랍니다.

A. [식물의 뿌리 생장 과정]
뿌리 끝부분의 세포가 분열하고, 분열한 세포가 커지면서 자라는 것입니다.

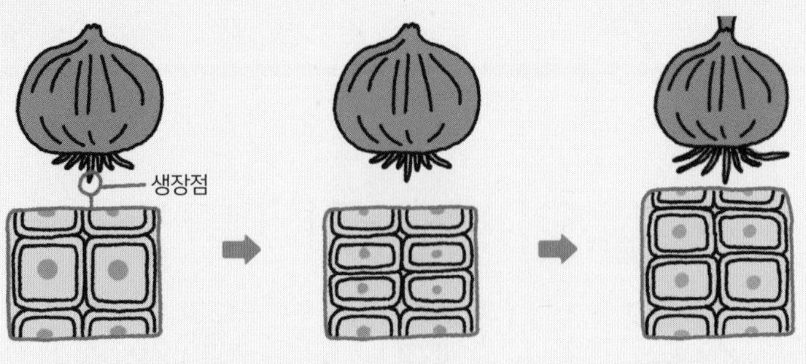

1 끝부분(생장점)의 세포가 두 개로 분열되어 늘어납니다.

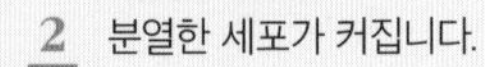
2 분열한 세포가 커집니다.

- 하나의 세포가 두 개로 나뉘는 것을 세포 분열이라고 합니다.
- 뿌리는 세포 분열로 늘어난 세포가 커지면서 생장합니다.

함께 알아 둬요! [식물과 동물의 세포 분열 과정]

동물의 생장도 같은 과정을 거치나요?

거의 비슷하지. 식물과 동물은 몸을 만드는 세포(체세포)가 분열해 그 수가 많아지면서 생장한단다. 이를 **체세포 분열**이라고 해.

세포 가운데 동그란 부분 안에 우글우글 모여 있는 건 뭔가요?

핵 안의 **염색체** 말이구나. 식물과 동물 모두 핵의 중심에 실 같은 염색체들이 있는데, 그것이 나뉘어서 두 개의 핵이 되는 거야.

그렇군요. 그런데 염색체가 뭐예요?

생물의 모양이나 성질을 결정하는 인자인 **유전자**의 집합체를 염색체라고 해. 식물 세포는 마지막에 세포판이 생기고, 동물 세포는 세포막이 잘록하게 함입되면서 두 개의 세포로 나뉘게 된단다.

⊘한 걸음 더 염색체는 분열 직전에 두 배로 증가하기 때문에 분열 후 염색체의 수는 분열 전과 같습니다.

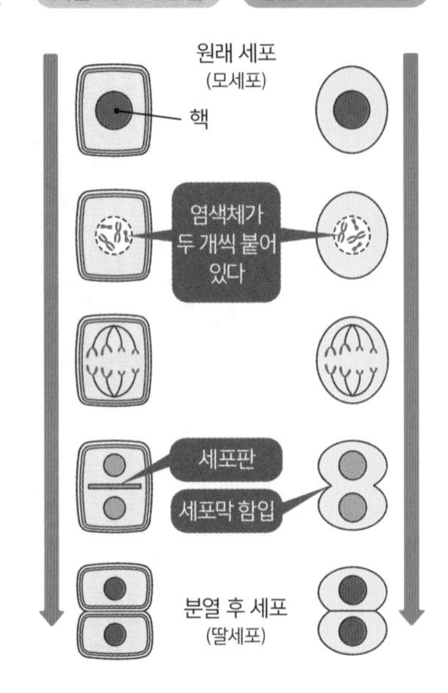

【생식과 발생】

Q. 18

난이도 ★★　　중요도 ★★

동물은 **암수**가 있어야 새끼가 생기나요?

체세포와 달리, 생식 세포는 수컷과 암컷이 각각 따로 가지고 있지요.

A. [암수가 있어야 새끼가 생길까?]
동물의 새끼는 암컷의 난자와 수컷의 정자가 수정해야 생깁니다.

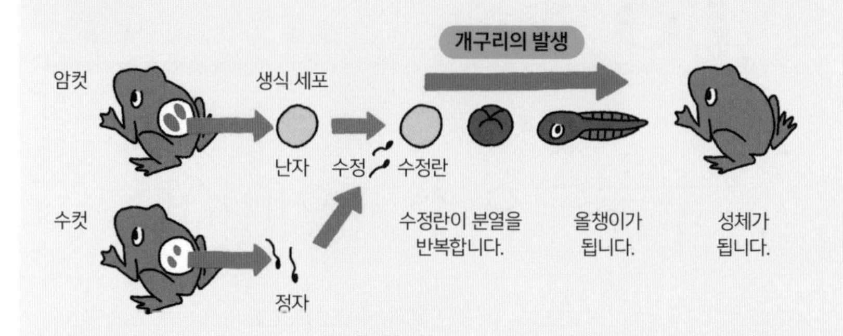

- 암컷의 난자와 수컷의 정자는 생식 세포라는 특별한 세포랍니다.
- 난자와 정자의 수정으로 자손을 만드는 것을 유성 생식이라고 합니다.

함께 알아 둬요! [식물의 유성 생식]

식물에는 암컷이나 수컷이 없죠?

그렇지. 하지만 암술과 수술이 있어. 수술 끝에는 꽃가루가 들어있는 꽃밥이 있고, 암술의 씨방 안에는 밑씨가 있단다.

거기에 정자와 난자가 있는 거예요?

정자와 난자 대신 속씨식물의 꽃가루에는 **정세포**, 밑씨에는 **난세포**라는 생식 세포가 있어.

아하! 정세포와 난세포가 만나겠군요.

맞아. 꽃가루받이로 꽃가루가 암술의 암술머리에 붙으면, 꽃가루에서 **꽃가루관**이라는 가늘고 긴 관이 자라고, 그 관을 통해 정세포가 이동하게 돼. 그리고 난세포에 다다르면 **수정**이 되는 거야.

드라마 같은 감동이 있네요.

⊘한 걸음 더 겉씨식물은 수꽃의 꽃가루가 암꽃의 밑씨에 직접 붙어요.

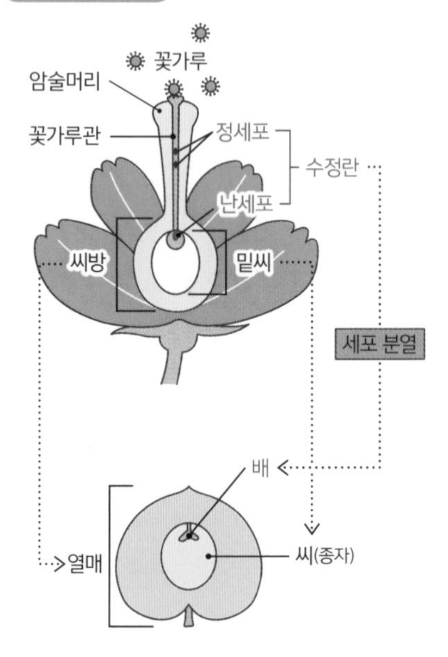

【생식과 발생】

Q. 19

난이도 ★ 중요도 ★

짚신벌레는 **암컷**과 **수컷**이 없는데 어떻게 자손을 만드나요?

하나의 세포로 이루어진 생물을 단세포 생물이라고 합니다.
단세포 생물 대부분은 짚신벌레와 같은 방법으로 번식한답니다.

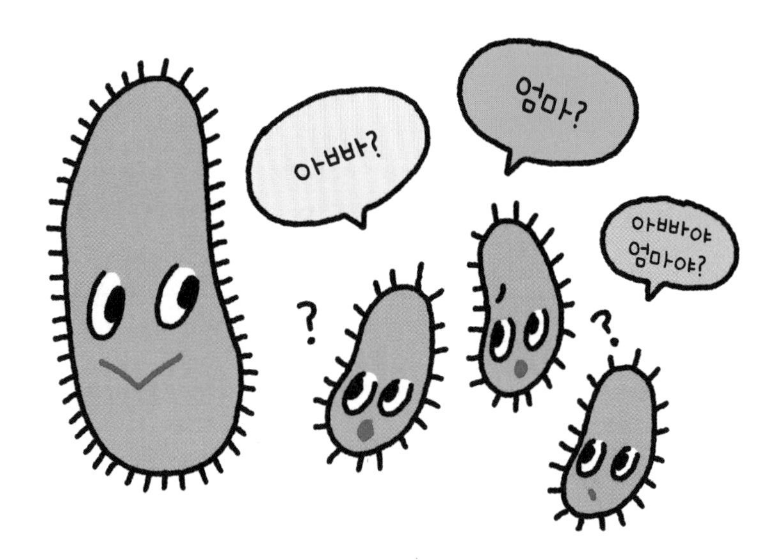

[수컷과 암컷이 없어도 자손이 생기는 이유]

자신의 몸을 분열해서 번식하기 때문입니다.

짚신벌레나 아메바, 반달말 등 많은 단세포 생물들이 체세포 분열로 증식합니다.
수정 과정 없이 새로운 자손을 만드는 생식을 무성 생식이라고 합니다.

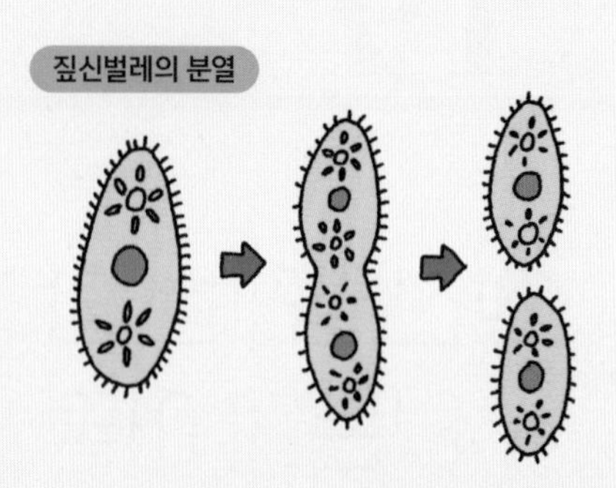

• 생식에는 암수의 생식 세포가 결합하는 유성 생식과 체세포 분열에 의한 무성 생식이 있습니다.

함께 알아 둬요! [식물의 무성 생식]

 식물에도 **무성 생식**으로 증식하는 것이 있단다.

 그래요?

 고구마나 감자는 덩이를 심으면 싹이나 뿌리가 자라기 시작해. 또 참나리나 참마는 주아(구슬눈)에서 싹이 나온단다.

 다른 식물들은요?

 죽순은 줄기에서, 튤립은 알뿌리에서 싹이 나온단다. 차나무나 수국 등은 접목을 통해 번식할 수 있어.

 우아, 식물은 대단해요!

 이것들은 모두 몸의 일부에서 새로운 개체가 생기지. 식물의 무성 생식을 특별히 **영양 생식**이라고 불러.

⊘한 걸음 더 무성 생식(영양 생식)을 하는 식물도 종자(씨)로 번식할 수 있어요.

【유전과 진화】

Q. 20

아이의 얼굴이나 몸이 부모와 완전히 똑같지 않은 이유는?

생물의 모양이나 성질 등의 특징을 형질이라고 합니다.
형질을 전달하는 유전의 과정을 생각해 볼까요!

A. [부모와 자식이 똑같이 닮지 않는 이유]
부모 양쪽으로부터 유전자를 반씩 물려받아 다양한 조합으로 특징을 이어받기 때문입니다.

부모가 자식에게 형질을 전달하는 유전자는 세포의 염색체에 있습니다. 부모가 가진 염색체는 두 개씩 짝을 이룹니다. 이 염색체의 짝이 나뉘어져 난자와 정자가 만들어집니다. 이들이 수정되어 다시 쌍을 이루므로 자식은 부모의 형질을 반씩 이어받습니다.
사람의 염색체는 46개이고, 유전자의 수도 방대하므로 자식 세포가 가지는 유전자 조합은 다양해지지요.

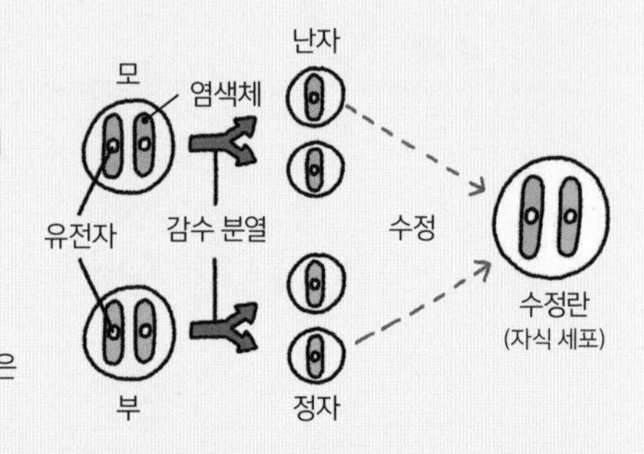

- 난자나 정자와 같은 생식 세포의 염색체 수는 부모의 체세포 염색체 수의 절반이 됩니다.
- 수정되면 염색체는 다시 원래의 수가 됩니다.

함께 알아 둬요! [유전의 과정]

저는 할아버지를 닮았대요. 할아버지의 특징을 물려받을 수도 있어요?

그렇단다. 오른쪽 완두 종자의 유전 과정을 보렴. 순종(P)와 같은 유전자 조합(AA와 aa)이 잡종 2대(F_2)에서 나타나지.

정말이네요. 그런데 Aa 유전자 조합이 둥근 완두가 되는 이유는 뭔가요?

어느 한쪽의 형질이 더 잘 발현되기 때문이지. Aa 유전자 조합인 경우에 나타나는 A의 형질을 **우성 형질**, 나타나지 않는 a의 형질을 **열성 형질**이라고 해.

완두 모양의 유전

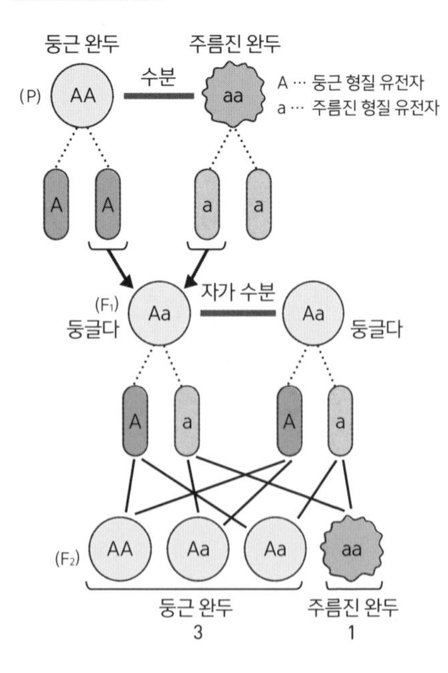

【생물의 다양성】

Q. 21

난이도 ★ 중요도 ★

곤충이나 식물의 수는 많고 **사자나 독수리의 수**가 적은 이유는?

메뚜기는 개구리에게, 개구리는 새에게 잡아먹히죠.
먹고 먹히는 관계를 생각해 보세요!

A. 먹이 사슬에서는 먹는 생물보다 먹히는 생물의 수가 많기 때문입니다.

[곤충이나 식물의 수는 많은데 사자나 독수리의 수가 적은 이유]

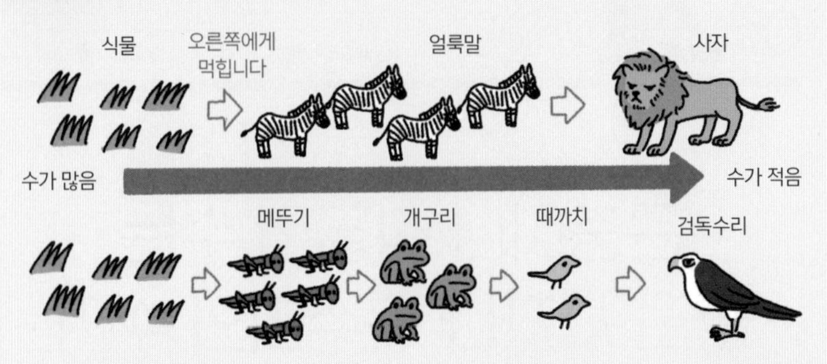

• 먹고 먹히는 관계의 연결을 먹이 사슬이라고 합니다.

함께 알아 둬요! [먹이 피라미드]

생물의 수 또는 양의 관계는 피라미드 형태로 나타낼 수 있어. 피라미드 아랫부분은 수가 가장 많은 식물이고, 꼭대기는 수가 가장 적은 육식 동물이지.

그렇군요. 만약 얼룩말의 수가 엄청나게 늘어나면요?

사자의 먹이가 늘어나니 사자도 늘어나겠지.

그리고요?

얼룩말의 먹이가 되는 식물이 줄어들겠지.

그렇네요.

그러면 먹이가 줄어든 얼룩말도 줄어들고, 사자의 수는 줄겠지. 그러면 다시 식물이 늘어난단다. 이렇게 원래의 수량 관계로 돌아가면서 생태계가 균형을 이루는 거야.

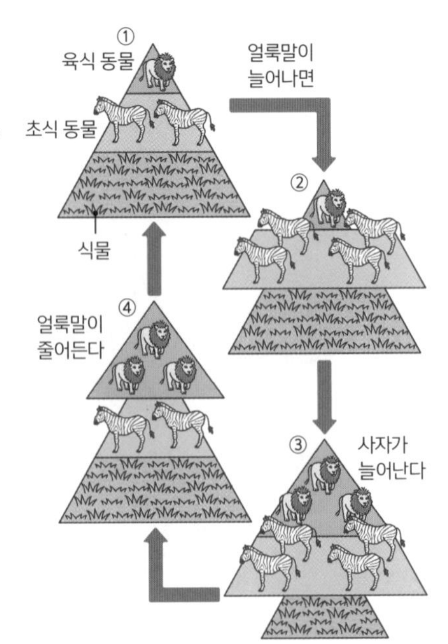

【생물의 다양성】

Q. 22

난이도 ★ 중요도 ★★

새의 사체나 낙엽이 시간이 지나면 없어지는 이유는?

누군가 청소하는 게 틀림없어요! 땅속에 숨어 있는 걸까요?

A. [새의 사체나 낙엽이 시간이 지나면 없어지는 이유]

지렁이, 송장벌레 등이 먹거나 버섯, 곰팡이 등이 이들을 분해하기 때문입니다.

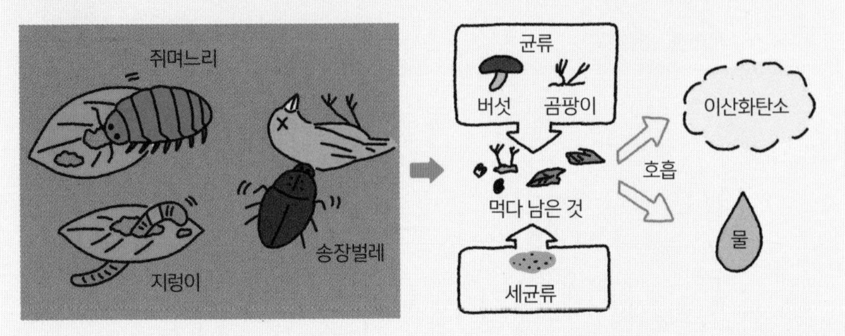

1 땅속의 작은 동물들이 먹습니다.

2 균류와 세균류가 호흡으로 분해합니다.

• 생물의 사체나 배설물을 먹는 흙 속의 작은 동물이나 균류, 세균류를 분해자라고 합니다.

함께 알아 둬요! [자연계의 탄소 순환]

균류나 세균류도 호흡을 하나요?

그럼. 다른 생물과 마찬가지로 호흡으로 에너지를 만들어 살아간단다. 그 결과, **유기물**(→70쪽)이 이산화탄소와 물과 같은 **무기물**로 분해되는 거야.

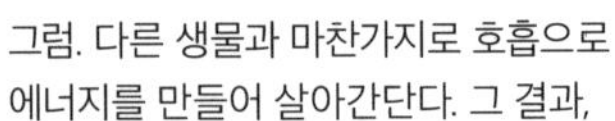

그 이산화탄소는 어떻게 되나요?

다른 생물의 호흡에서 나온 이산화탄소와 함께 대기 중으로 방출되어 식물의 광합성에 사용되지. 이산화탄소 속의 탄소는 식물의 몸을 만드는 유기물이 된단다.

그 식물을 다시 동물이 먹는 거죠?

맞아. 자연계에서는 먹이 사슬과 생물의 호흡으로 탄소가 순환한단다.

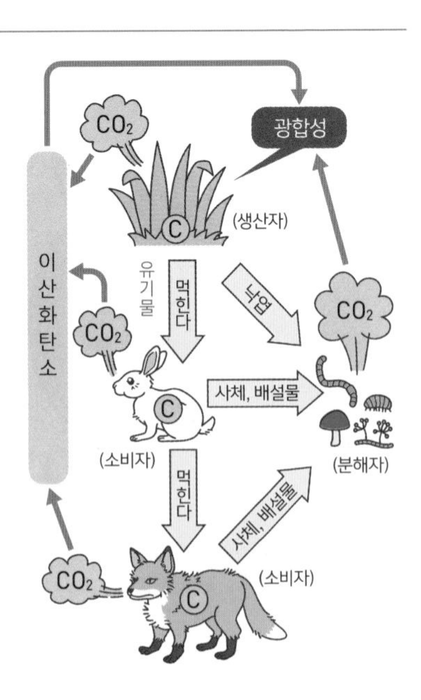

⊘한 걸음 더 스스로 유기물을 만드는 식물을 생산자, 생산자를 먹는 동물을 소비자라고 하지요. 분해자는 소비자이기도 합니다.

【자연 환경과 인간】

Q. 23

난이도 ★★ 중요도 ★★

공기 중에 **이산화탄소가 증가하면** 왜 기온이 올라갈까요?

힌트

이산화탄소는 지구 온난화의 가장 큰 원인으로 알려져 있지요.
이산화탄소의 특성을 생각해 보세요.

[이산화탄소가 증가하면 기온이 높아지는 이유]
열이 빠져나가는 것을 이산화탄소가 방해하기 때문입니다.

이산화탄소나 메탄 같은 기체를 온실가스라고 합니다. 온실가스는 태양 때문에 데워진 지표면의 열을 흡수하고 그 일부를 반사하여 지표면으로 되돌리는 성질이 있습니다. 그러므로 온실가스가 많아지면 지구의 기온이 서서히 상승하게 됩니다.

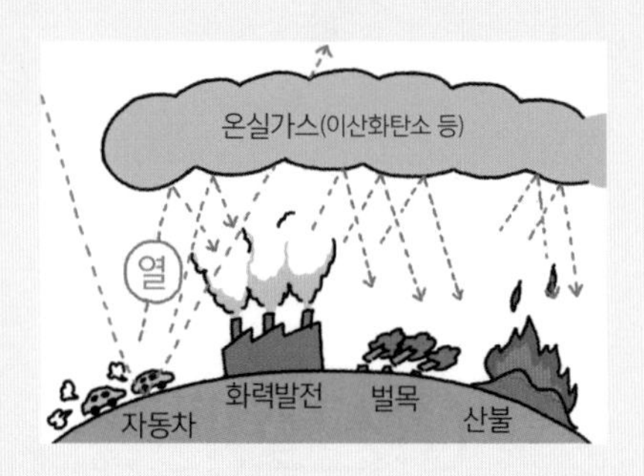

• 이산화탄소는 열을 방출하지 않는 온실 효과를 일으키는데, 이러한 성질을 가진 기체를 온실가스라고 합니다.

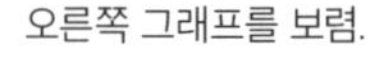

함께 알아 둬요! [이산화탄소 농도와 평균 기온의 변화]

이산화탄소는 매년 증가하나요?

오른쪽 그래프를 보렴.

ppm이 뭐예요?

백만 분의 일을 뜻한단다. 예컨대 1ppm은 전체 물질 1000g 속에 특정 물질 1mg이 녹아 있다는 의미야.

그래프를 보니 이산화탄소의 농도가 높아지고 있네요. 그런데 선이 왜 톱니 모양으로 삐죽삐죽한 거죠?

육지가 많은 북반구에서는 여름에 식물의 광합성이 왕성해지면서 이산화탄소가 많이 흡수되어 기온이 낮아지거든.

그렇군요! 아래에 있는 그래프를 보니 이산화탄소의 농도가 높아지면 기온도 상승하네요.

맞아. 특히 1990년 무렵부터는 그전까지의 평균 기온보다 월등히 높아졌지.

대기 중의 이산화탄소 농도

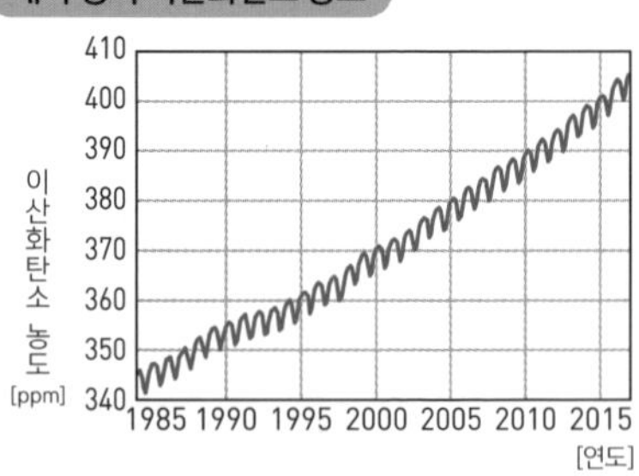

일본의 평균 기온 변화

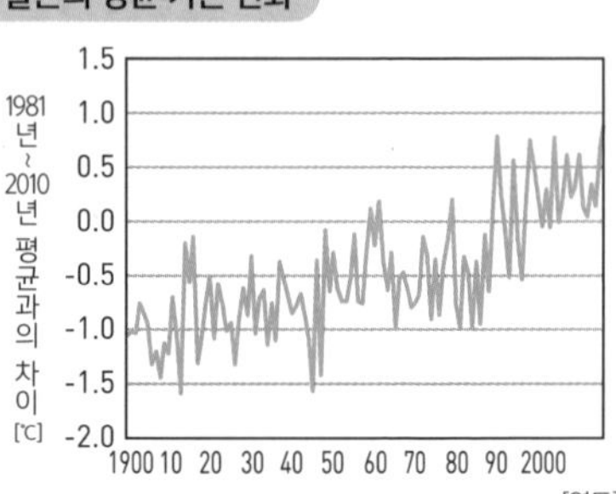

(일본 기상청: 기후변화감시 리포트 2015)

실력이 늘었는지 확인해 볼까요!

【생물】 확인 테스트

◉ 정답은 229쪽에

1 그림은 광합성 과정을 표현한 것입니다. 다음 각 물음에 답하세요.

(1) 광합성은 세포의 어느 부분에서 이루어지나요?
〔 〕

(2) 오른쪽 그림의 A, B에 들어갈 기체의 이름은 무엇일까요?
A〔 〕
B〔 〕

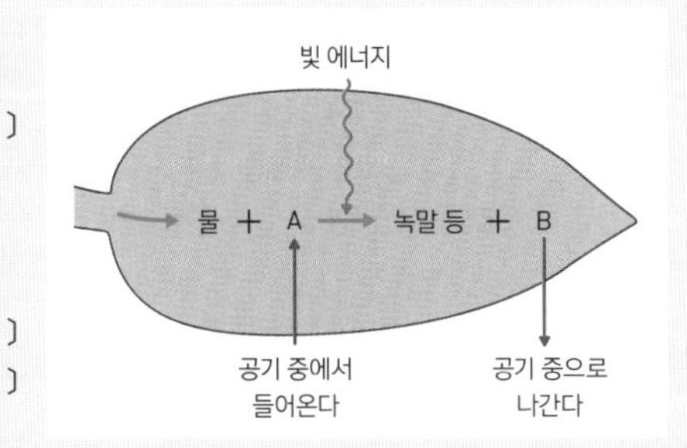

(3) 그림의 A, B는 잎 표면의 어느 부분으로 드나들까요? 〔 〕

(4) 다음 글은 광합성으로 만들어진 녹말이 어디로 가는지 설명한 것입니다. 괄호 안에 들어갈 말을 써 보세요.

• 녹말은〔 〕로 바뀌어, 관다발의 〔 〕을 통해 식물 전체로 운반된다.

2 그림은 소장 벽의 주름 표면에 있는 융털의 구조를 나타낸 것입니다. 다음 각 물음에 답하세요.

(1) 다음 ①~③의 물질은 소화 효소의 작용으로 최종적으로 어떤 물질로 분해될까요? 보기) **가~라**의 물질 중에서 골라 기호로 답하세요.

① 녹말 〔 〕
② 단백질 〔 〕
③ 지방 〔 〕

보기) **가.** 아미노산 **나.** 지방산
다. 포도당 **라.** 모노글리세리드

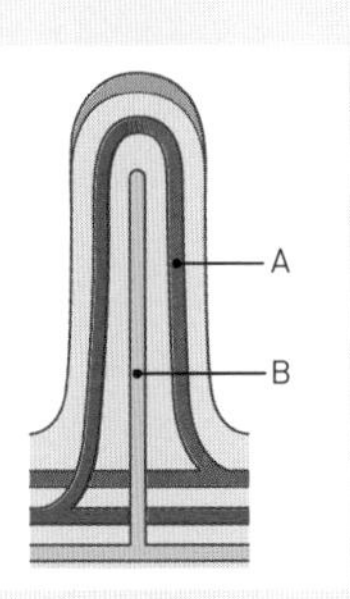

(2) 아미노산은 오른쪽 그림의 A, B 중 어디로 흡수될까요?

(3) 소장 벽의 주름에 융털이 무수히 많은 것은 양분을 흡수하는 데 어떤 이점이 있을까요? '표면적'이라는 단어를 사용하여 간단하게 설명해 보세요.
〔 〕

3 그림과 같은 유전자 조합을 가진 완두를 교배했더니 모두 둥근 완두를 얻게 되었습니다. 다음 각 물음에 답하세요.

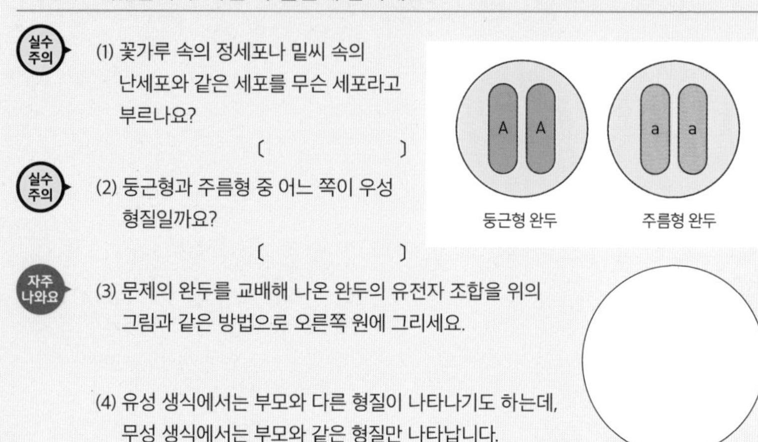

실수 주의

(1) 꽃가루 속의 정세포나 밑씨 속의 난세포와 같은 세포를 무슨 세포라고 부르나요?

〔 〕

실수 주의

(2) 둥근형과 주름형 중 어느 쪽이 우성 형질일까요?

〔 〕

자주 나와요

(3) 문제의 완두를 교배해 나온 완두의 유전자 조합을 위의 그림과 같은 방법으로 오른쪽 원에 그리세요.

(4) 유성 생식에서는 부모와 다른 형질이 나타나기도 하는데, 무성 생식에서는 부모와 같은 형질만 나타납니다. 그 이유를 간단하게 설명하세요.

〔 〕

4 그림은 생태계의 먹고 먹히는 관계를 나타낸 것입니다. 다음 각 물음에 답하세요.

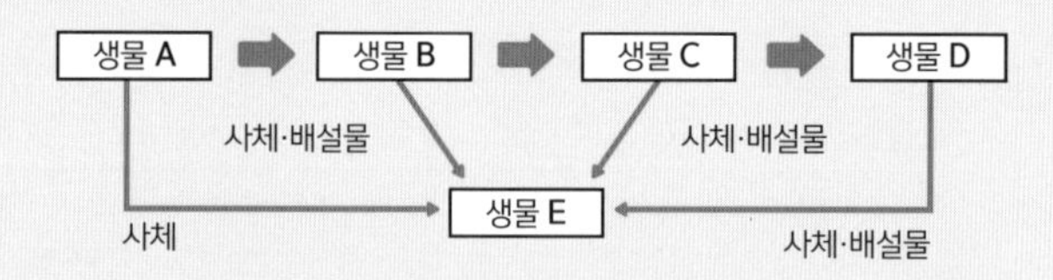

(1) 생태계에서 먹고 먹히는 관계를 뭐라고 부르나요?

〔 〕

(2) 생물 A~E에는 보기) **가~마**의 생물들이 하나씩 들어갑니다. 생물 A, 생물 C에 적당한 것을 보기에서 하나씩 골라 기호로 답하세요.

A〔 〕 C〔 〕

보기) **가.** 지렁이 **나.** 개구리 **다.** 벼 **라.** 메뚜기 **마.** 뱀

(3) 분해자는 생물 A~E 중 어느 것일까요?

〔 〕

(4) 어떤 이유로 생물 B의 수가 급격히 감소하면 단기적으로 봤을 때 생물 A와 생물 C의 수는 어떻게 될까요?

〔 〕

【생물】 더 깊이 원리를 찾는 다섯 가지 질문

생물을 더 깊이 알아보자!

열심히 할게요!

Q. 01

봄이 오면 삼나무의 꽃가루가
날리는 이유가 뭘까요?

삼나무는 소나무와 같은 겉씨식물인데….

Q. 02

쇠뜨기는 땅 위로 나와 있는
초록색 줄기를 뽑아내도
계속해서 자라납니다.
이유가 뭘까요?

쇠뜨기는 들판에서 잘 자라는 양치식물이랍니다.

A. 01 꽃가루받이를 위해 수꽃의 꽃가루가 바람을 타고 날아가기 때문입니다.

해설 삼나무는 소나무와 **겉씨식물**로, 하나의 나무에 암꽃과 수꽃이 함께 핍니다. 삼나무를 비롯해 겉씨식물 대부분은 꽃가루를 바람으로 날려 보내는 **풍매화**입니다. 수꽃의 꽃가루는 바람이 강한 날에 날려 흩어지고, 암꽃의 밑씨에 달라붙어 꽃가루받이가 됩니다. 삼나무의 꽃가루가 가장 심하게 날리는 시기는 대체로 2월에서 3월입니다.

삼나무 꽃가루

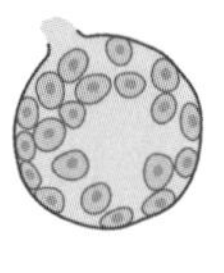

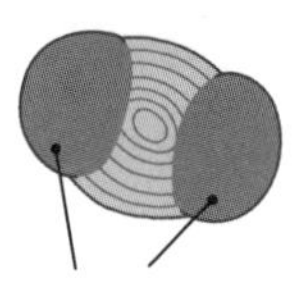

꿀벌 같은 곤충이나 새가 꽃가루를 옮기는 식물도 있잖아요. 이런 경우는 꽃가루 알레르기에 영향을 주지 않겠죠?

아니야. 꽃가루 알레르기의 원인이 될 때도 있어. 다만 삼나무처럼 멀리까지 많은 양의 꽃가루를 날리는 식물의 영향이 더 큰 거지.

A. 02 땅속의 땅속줄기에서 새로운 줄기가 계속 뻗어 나오기 때문입니다.

해설 땅속에 있는 땅속줄기에서 영양 줄기와 포자 줄기가 땅 위로 자라 나옵니다. **포자 줄기는 뱀밥이라고도 하며, 끝부분에서 포자가 만들어집니다.** 땅속줄기는 땅속으로 가지를 치며 성장하기 때문에 땅속줄기까지 확실히 뽑아내지 않는 한, 계속해서 새로운 영양 줄기가 뻗어 나옵니다.

쇠뜨기

Q. 03 일산화탄소가 인체에 매우 해로운 이유는?

일산화탄소에 중독되면 두통이나 구역질이 난다고 하는데….

Q. 04 사자의 눈은 머리 앞쪽에 몰려 있고, 얼룩말의 눈은 머리 옆면에 있는 이유는?

육식 동물과 초식 동물의 차이를 생각해 볼까요?

Q. 05 외래 생물이 심각한 문제가 되기도 하는 이유는?

원래 살던 생물보다 외래 생물이 더 강하면 어떻게 될까요?

A. 03 일산화탄소는 헤모글로빈과 결합해 산소의 운반을 방해하기 때문입니다.

해설 유기물이 불완전 연소할 때 발생하는 **일산화탄소(CO)는 헤모글로빈과 결합하는 성질이 산소보다 더 강합니다.** 따라서 혈액 중의 일산화탄소 농도가 높아지면 필요한 산소가 몸의 각 부분으로 옮겨질 수 없게 되고, 심각한 경우에는 죽음에 이릅니다.

A. 04 사자는 먹이까지의 거리를 정확하게 알기 위해, 얼룩말은 더 넓은 범위를 보기 위해서입니다.

해설 사자와 같은 육식 동물은 양쪽 눈의 시야가 겹치는 부분이 넓어, **전방에 있는 먹이까지의 거리를 정확하게 측정할 수 있습니다.** 반대로 얼룩말과 같은 초식 동물은 양쪽 눈의 시야가 넓어 **적을 잘 발견합니다.**

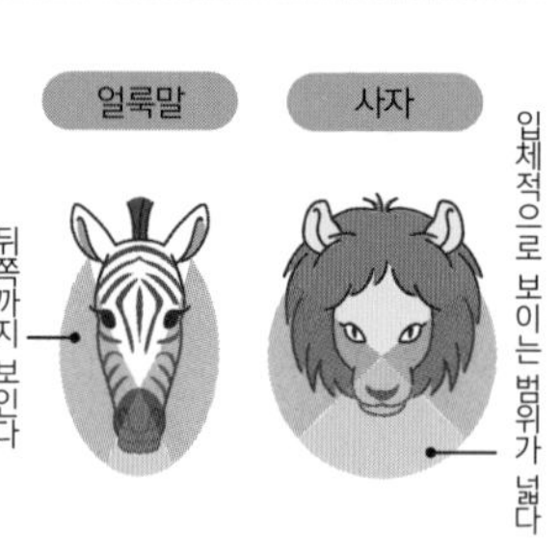

A. 05 생태계가 무너져 고유 생물이 멸종되거나 사람에게 피해가 생기기 때문입니다.

해설 외국에서 들어온 외래 생물은 국내에는 **천적이 없는 경우가 많습니다.** 이들은 토종 생물을 잡아먹거나 쫓아내면서 개체 수가 늘어납니다. 원래의 생태계가 무너지고 토종 생물이 멸종할 가능성이 있으며, 사람에게 피해를 주기도 합니다.

02
화학

화학 | 공식과 화학식으로 미리 보는 핵심 포인트

화학에서 중요한 부분을 정리했습니다.
퀴즈를 풀다 막힐 때는 이 페이지를 다시 확인해 보세요!

밀도 ▶ Q02

물질의 밀도 [g/cm³]

$$= \frac{\text{물질의 질량[g]}}{\text{물질의 부피[cm}^3\text{]}}$$

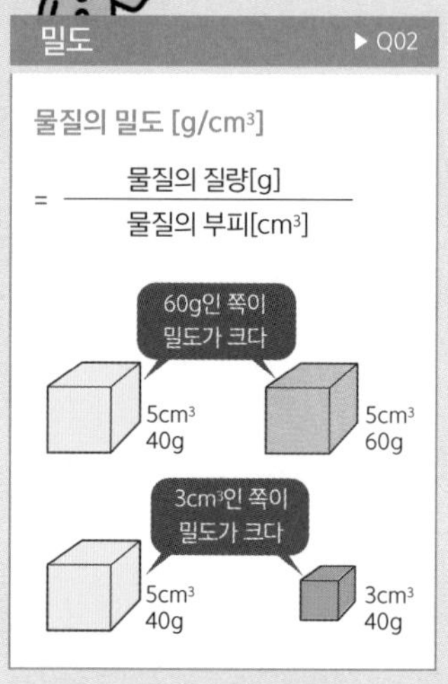

퍼센트 농도 ▶ Q04

퍼센트 농도[%]

$$= \frac{\text{용질의 질량[g]}}{\text{용액의 질량[g]}} \times 100$$

$$= \frac{\text{용질의 질량[g]}}{\text{용질의 질량[g]} + \text{용매의 질량[g]}} \times 100$$

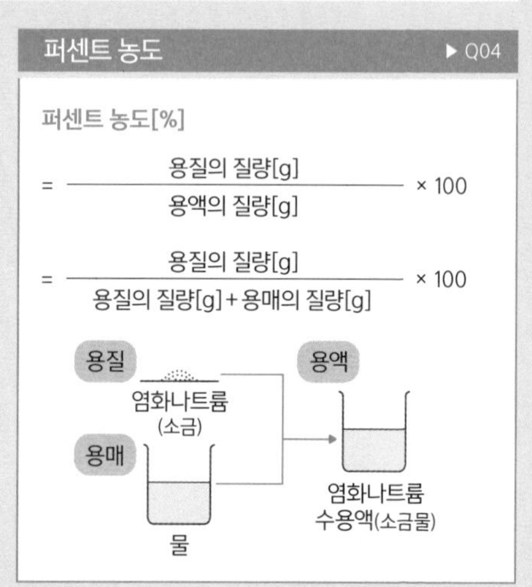

기체의 성질 ▶ Q03

	수소	산소	이산화탄소	암모니아	질소	염소
공기와 비교한 무게	매우 가볍다	조금 무겁다	무겁다	가볍다	조금 가볍다	무겁다
물에 잘 녹는 정도	잘 녹지 않는다	잘 녹지 않는다	약간 녹는다	매우 잘 녹는다	잘 녹지 않는다	잘 녹는다
모으는 방법	수상 치환	수상 치환	하방 치환 수상 치환	상방 치환	수상 치환	하방 치환

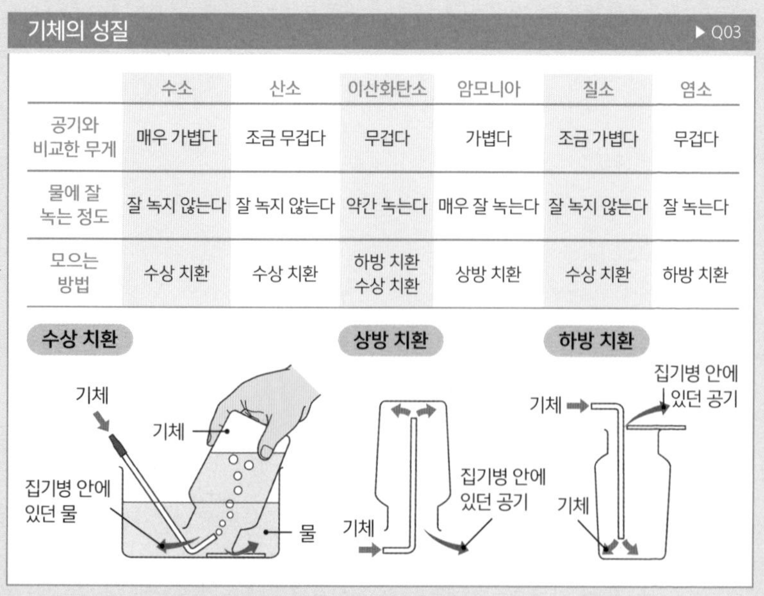

용해도

▶ Q05

용해도 … 100g의 물에 최대로 녹을 수 있는 물질의 질량. 물질의 종류나 온도에 따라 다르다.
포화 용액 … 어떤 온도에서 용매에 용질을 최대한 녹여서 더 이상 녹일 수 없는 상태의 용액.

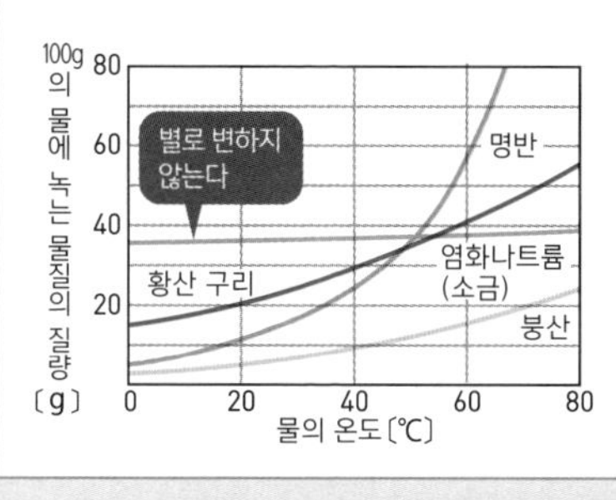

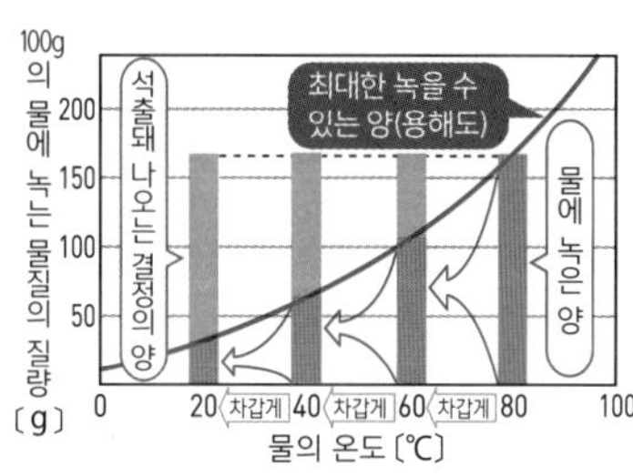

상태 변화

▶ Q06

고체 … 입자의 운동이 둔함. 입자들 사이의 거리가 짧다.

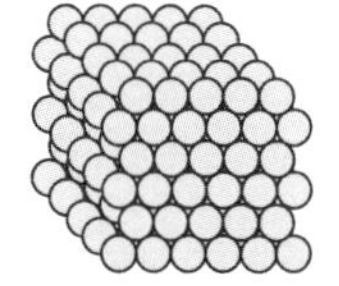

액체 … 입자가 위치를 바꾸며 움직인다. 입자 간 거리는 고체보다 멀다.

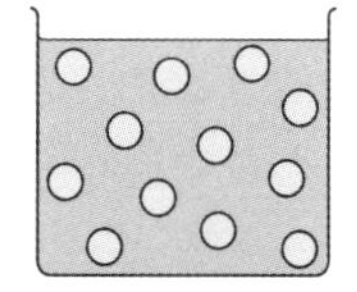

기체 … 입자의 운동이 활발하다. 입자 간 거리가 매우 멀다.

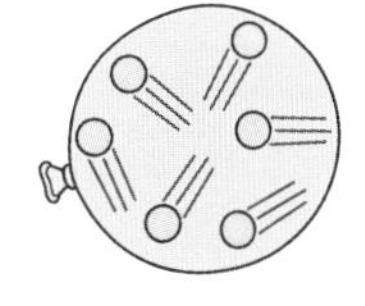

주요 원소 기호

▶ Q08-18

비금속		금속	
수소	H	마그네슘	Mg
탄소	C	알루미늄	Al
질소	N	바륨	Ba
산소	O	철	Fe
황	S	구리	Cu
염소	Cl	아연	Zn
나트륨	Na	은	Ag

□ ㅡ 비금속　　□ ㅡ 금속

주요 화학식

▶ Q08-18

물질	화학식
수소	H_2
질소	N_2
산소	O_2
물	H_2O
이산화탄소	CO_2
암모니아	NH_3
산화구리	CuO
산화마그네슘	MgO
황화철	FeS
산화은	Ag_2O
탄산수소나트륨	$NaHCO_3$
탄산나트륨	Na_2CO_3
염화나트륨	$NaCl$
염산(염화수소)	HCl
황산	H_2SO_4
황산바륨	$BaSO_4$

산소(O)가 붙으면 '산화~'
황(S)이 붙으면 '황화~'
염소(Cl)가 붙으면 '염화~'가 되네!

주요 화학 반응식 ▶ Q08-18

탄산수소나트륨의 열 분해	$2NaHCO_3 \rightarrow Na_2CO_3 + CO_2 + H_2O$ 탄산수소나트륨 탄산나트륨 이산화탄소 물
물의 전기 분해	$2H_2O \rightarrow 2H_2 + O_2$ 물 수소 산소
탄소의 산화	$C + O_2 \rightarrow CO_2$ 탄소 산소 이산화탄소
수소와 산소의 화합	$2H_2 + O_2 \rightarrow 2H_2O$ 수소 산소 물
구리의 산화	$2Cu + O_2 \rightarrow 2CuO$ 구리 산소 산화구리
마그네슘의 산화	$2Mg + O_2 \rightarrow 2MgO$ 마그네슘 산소 산화마그네슘
산화구리의 환원	$2CuO + C \rightarrow 2Cu + CO_2$ 산화구리 탄소 구리 이산화탄소
염산과 수산화나트륨 수용액의 중화	$HCl + NaOH \rightarrow NaCl + H_2O$ 염산 수산화나트륨 염화나트륨 물
황산과 수산화바륨 수용액의 중화	$H_2SO_4 + Ba(OH)_2 \rightarrow BaSO_4 + 2H_2O$ 황산 수산화바륨 황산바륨 물

주요 이온식 ▶ Q15-18

수소 이온	H^+
나트륨 이온	Na^+
아연 이온	Zn^{2+}
수산화 이온	OH^-
염화 이온	Cl^-

화학 반응식에서 →의 좌우는 원자의 종류와 수가 반드시 일치합니다. 원자는 늘어나거나 없어지지 않는다는 것을 잊지 마세요!

주요 화학 반응식 ▶ Q15-18

염화나트륨의 이온화	$NaCl \rightarrow Na^+ + Cl^-$ 염화나트륨 나트륨 이온 염화 이온
염화수소의 이온화	$HCl \rightarrow H^+ + Cl^-$ 염화수소 수소이온 염화 이온
수산화나트륨의 이온화	$NaOH \rightarrow Na^+ + OH^-$ 수산화나트륨 나트륨 이온 수산화 이온

Q. 01

난이도 ★ 중요도 ★★

장작이나 양초가 타면 왜 항상 **이산화탄소**가 생기나요?

장작이나 양초는 유기물입니다.
유기물에 반드시 있는 물질이 무엇일까요?

A.

[장작이나 양초가 탈 때 이산화탄소가 발생하는 이유]

유기물에 함유된 탄소가 공기 중의 산소와 결합하기 때문에 이산화탄소가 생기지요.

1 유기물은 탄소를 가지고 있습니다.

2 태우면 산소와 결합합니다.

3 탄소와 산소가 결합해 이산화탄소가 발생합니다.

- 탄소를 지닌 물질을 유기물이라고 합니다. 그 밖의 물질은 무기물이라고 하지요.
- 유기물 대부분은 수소도 포함합니다. 그래서 유기물을 태우면 수소와 산소가 결합해 물이 생깁니다.

함께 알아 둬요! [무기물]

탄소를 포함하지 않는 물질을 **무기물**이라고 한단다.

무기물로는 어떤 게 있나요?

예를 들면, 소금이나 금속이 있지. 이것들은 태워도 이산화탄소가 생기지 않아.
그런데 이산화탄소는 탄소를 포함하지만, 유기물이라고는 하지 않지.

금속은 철이나 구리 같은 것을 말하는 거죠?

맞아. 금속에는 독특한 성질이 있어.
그 성질을 알면 금속인지 아닌지 금방 구분할 수 있지. 알고 있는 금속의 성질이 있니?

자석에 붙어요!

땡! 자석에 붙는 것은 철이나 니켈 같은 몇 가지 금속뿐이란다. 그러니 금속의 공통 성질이라고는 할 수 없어. 금속의 공통 성질은 오른쪽 그림에서 확인해 보렴!

금속의 공통 성질

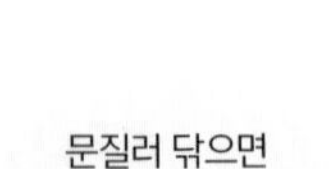
문질러 닦으면 반짝인다(금속 광택)

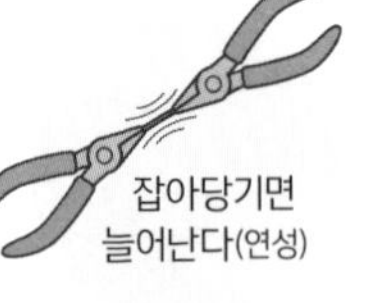
잡아당기면 늘어난다(연성)

두드리면 펴진다(전성)

전기가 잘 통한다(전기 전도성)

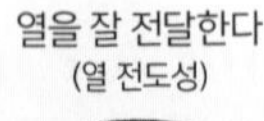
열을 잘 전달한다(열 전도성)

【물질의 상태 변화】

Q.02

난이도 ★★ 중요도 ★★

얼음과 물은 같은 물질인데 왜 얼음은 물에 뜨나요?

물이 얼음이 되면 부피가 달라져요. 그러면 밀도도 바뀌지요.

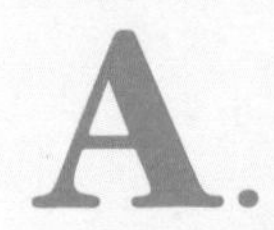

[얼음이 물에 뜨는 이유]
얼음의 밀도가 물의 밀도보다 낮기 때문입니다.

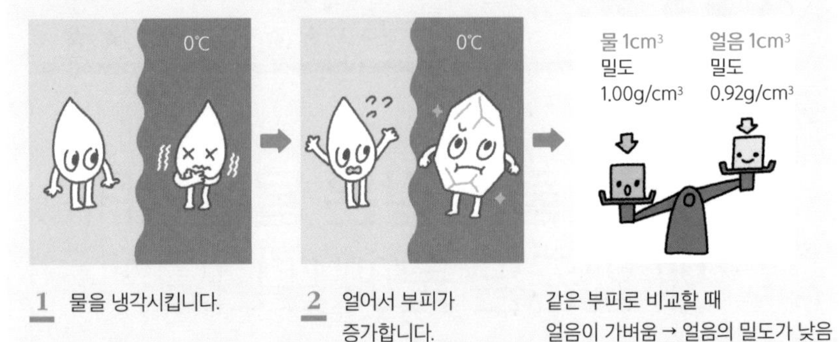

1 물을 냉각시킵니다.

2 얼어서 부피가 증가합니다.

같은 부피로 비교할 때
얼음이 가벼움 → 얼음의 밀도가 낮음

- 밀도는 1cm³에 해당하는 물질의 질량입니다.

$$\text{물질의 밀도[g/cm}^3\text{]} = \frac{\text{물질의 질량[g]}}{\text{물질의 부피[cm}^3\text{]}}$$

- 밀도가 낮은 물질은 뜨고 밀도가 높은 물질은 가라앉습니다.

함께 알아 둬요! [물질의 뜨고 가라앉음]

물과 얼음 외에 다른 것들은 어떤가요?

비슷한 원리로 뜨고 가라앉음이 결정된단다. 예를 들어 얼음(밀도 0.92g/cm³)은 물에서는 뜨지만, 에탄올(밀도 0.79g/cm³)에 넣으면 가라앉지.

액체나 기체는요?

물(밀도 1.00g/cm³)에 기름(밀도 0.91g/cm³)을 부으면 기름이 뜨지. 또, 수소와 같이 공기보다 밀도가 낮은 기체는 상승하고 이산화탄소와 같이 공기보다 밀도가 높은 기체는 아래로 내려오겠지.

그럼 제가 공중으로 떠오르려면 어떻게 해야 할까요?

지금 체형 그대로라면… 체중을 엄청나게 줄여서 밀도를 극단적으로 낮추면 될지도 모르겠네.

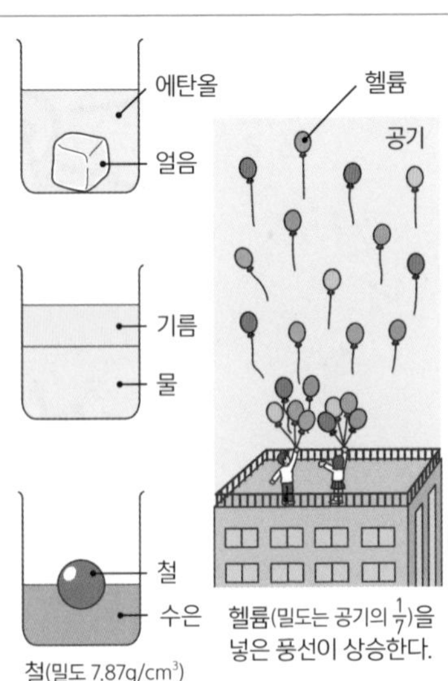

철(밀도 7.87g/cm³)
수은(밀도 13.55g/cm³)

헬륨(밀도는 공기의 $\frac{1}{7}$)을 넣은 풍선이 상승한다.

【물질의 특성】

Q. 03

난이도 ★ 중요도 ★★

산소와 암모니아를 같은 방법으로 모을 수 없는 이유는?

각 기체의 성질을 생각해 보세요!

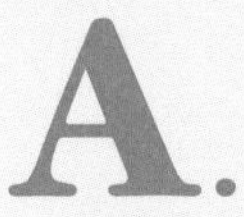

[산소와 암모니아를 같은 방법으로 모을 수 없는 이유]

산소는 물에 잘 녹지 않아서 물과 자리를 바꾸는 방법으로 모을 수 있지만, 암모니아는 물에 잘 녹기 때문에 이 방법을 쓰지 못합니다.

수상 치환

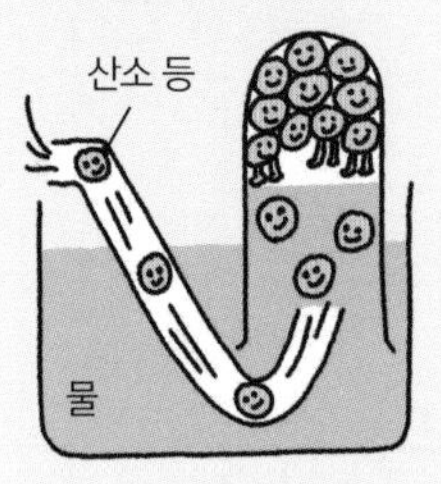

물과 기체를 교환합니다.

상방 치환

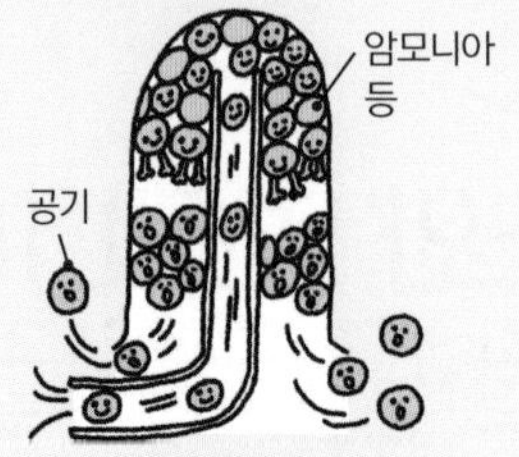

공기와 공기보다 가벼운 기체를 교환합니다.

하방 치환

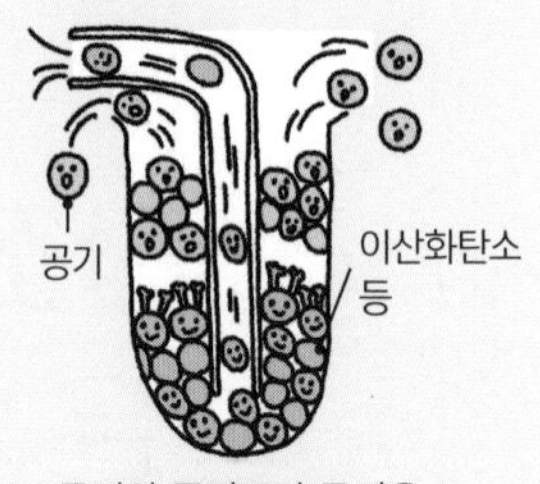

공기와 공기보다 무거운 기체를 교환합니다.

- 물에 잘 녹지 않는 기체는 수상 치환으로 모읍니다.
- 물에 잘 녹고 공기보다 가벼운 기체는 상방 치환으로 모읍니다.
- 물에 잘 녹고 공기보다 무거운 기체는 하방 치환으로 모읍니다.

함께 알아 둬요! [기체의 성질]

이산화탄소는 모으는 방법이 두 가지가 있다고 하던데요?

이산화탄소는 물에 많이 녹지 않고, 공기보다 무겁기 때문에 수상 치환과 하방 치환 둘 다 사용할 수 있지. 하지만 수상 치환을 쓰는 편이 좀 더 **순수한 기체**를 모을 수 있어.

음, 물에 잘 녹지 않으면 수상 치환이 가장 좋다는 거네요.

가능한 한 순수한 기체를 모으려면 어느 방법이든 가장 먼저 나오는 기체는 버려야 해. 장치 속의 기체가 먼저 나오기 때문이지.

그런데 오른쪽 그림은 뭔가요?

각 기체의 성질이야. 꼭 알아 두렴!

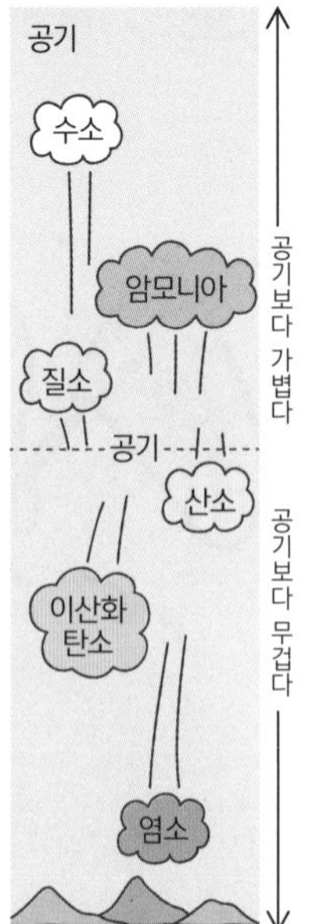

【물질의 특성】

Q. 04

난이도 ★ 중요도 ★

설탕이나 소금은 왜 물에 **녹으면 보이지 않나요?**

설탕이나 소금을 확대해서 보면 알갱이가 보이지요.
물에 녹으면 이 알갱이까지 보이지 않게 된답니다!

A. [설탕이나 소금이 물에 녹으면 보이지 않는 이유]
설탕이나 소금이 눈에 보이지 않는 입자로 더 잘게 쪼개져 물에 녹아들기 때문입니다.

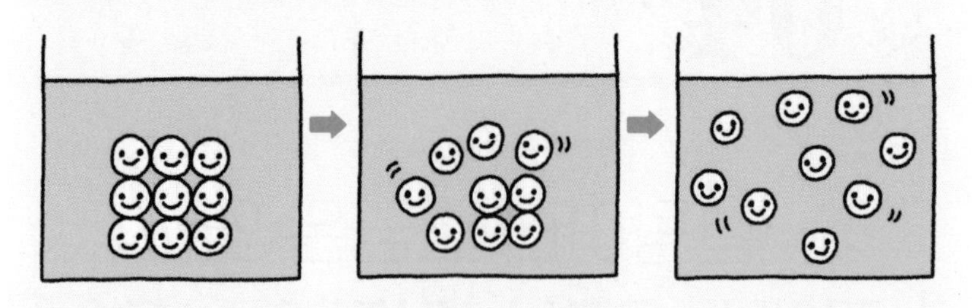

1 물에 소금 덩어리를 넣습니다.

2 소금이 녹기 시작합니다.

3 소금 입자가 물에 균일하게 퍼집니다.

- 물질이 물에 녹으면 눈에 보이지 않는 입자가 됩니다.
- 물질이 녹은 액체는 농도가 균일해집니다. 시간이 지나도 변하지 않지요.

함께 알아 둬요! [수용액의 농도]

물질이 물에 녹은 액체를 **수용액**이라고 한단다.

흙탕물도 수용액인가요?

흙탕물은 탁하잖아. 투명해야만 수용액이라고 할 수 있어. 액체가 색깔이 있더라도 투명하다면 수용액이란다.

아, 그렇군요.

녹은 물질을 **용질**, 물질을 녹인 액체를 **용매**, 용질이 용매에 녹아 있는 액체를 **용액**이라고 해. 용질이나 용매의 양에 따라 용액의 농도가 바뀌지.

농도는 어떻게 나타내나요?

농도는 녹아 있는 물질의 비율을 말하는데 **퍼센트 농도[%]**로 나타낸단다. 퍼센트를 구하는 식의 분모는 용매가 아니라 용액의 질량이니 헷갈리지 않도록 주의하자!

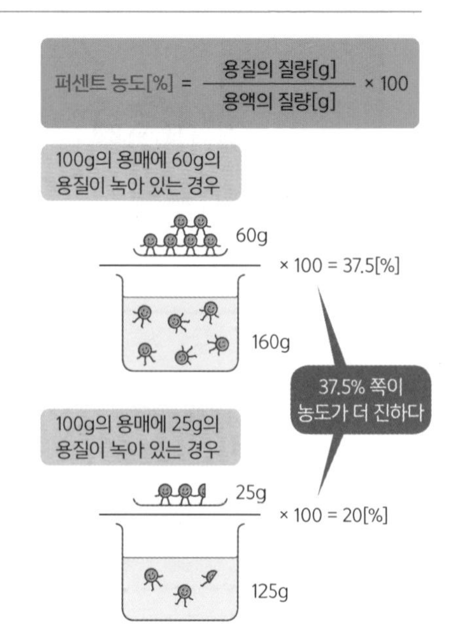

【물질의 특성】

Q. 05

난이도 ★　　중요도 ★★

아무것도 없어 보이던 수용액에서 결정이 생기는 이유는?

나타난 결정은 수용액에 원래 녹아 있던 물질이지요.

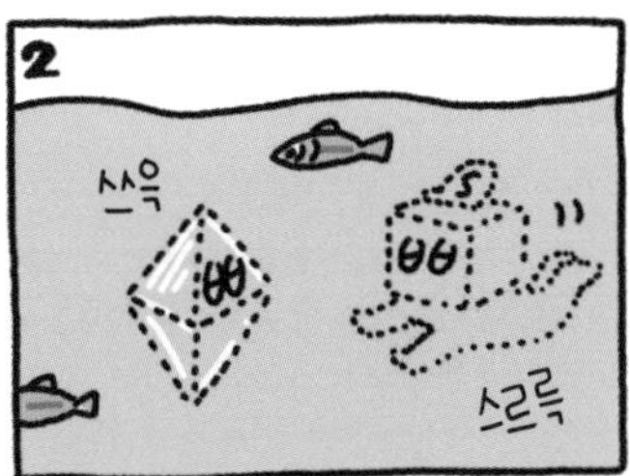

A.

[수용액에 결정이 생기는 이유]

그때까지 녹아 있던 물질이 더는 녹아 있을 수 없게 되어 모습을 나타내기 때문입니다.

1 명반이 녹아 있는 수용액을 차갑게 합니다.

2 온도가 내려가면 명반 결정이 생기기 시작해요.

3 명반 결정이 커집니다.

- 물질이 물에 녹는 최대량(용해도)은 일반적으로 수온이 높을수록 커지고, 수온이 낮을수록 작아집니다.
- 물질이 최대로 녹을 수 있는 양까지 녹은 수용액을 식히면 녹아 있던 물질이 결정화되어 드러납니다.

함께 알아 둬요! [용해도]

물질이 최대로 녹을 수 있는 양만큼 녹아 있는 용액을 **포화 용액**이라고 해.

물질이 물에 녹을 수 있는 최대량은 어떤 물질이든 같나요?

물질에 따라 달라. 또, 온도에 따라서도 달라진단다. 녹아 있는 물질이 다시 결정으로 나오는 것을 **재결정**이라고 해. 온도에 따라 용해도가 크게 달라지는 물질일수록 결정을 많이 만들어 낸다.

염화나트륨 수용액은 차갑게 해도 결정이 나오지 않던데요?

염화나트륨은 온도에 따라 용해도가 크게 달라지지 않기 때문이야. 대신 물을 증발시키면 결정이 드러나지.

다양한 물질의 용해도와 온도(용해도 곡선)

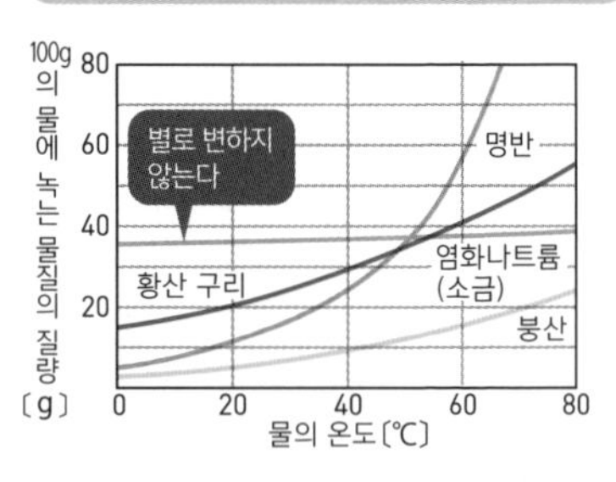

용해도와 재결정

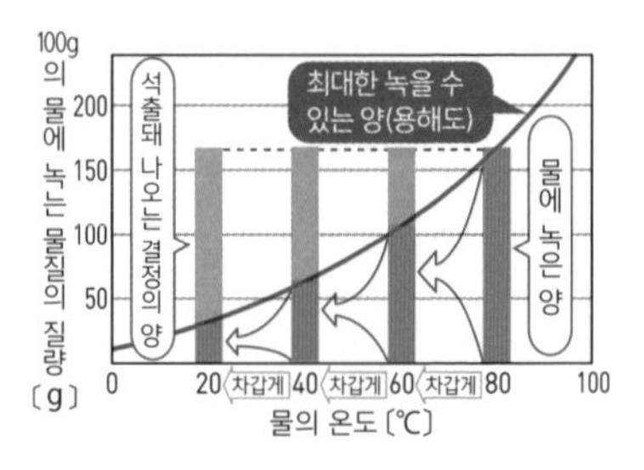

【물질의 상태 변화】

Q. 06

난이도 ★ 중요도 ★

고체나 액체는 왜 **기체**가 되면 **부피**가 커질까요?

물질의 상태는 고체, 액체, 기체로 변화합니다.
그때 입자의 운동이 어떻게 달라질까요?

A. [고체나 액체가 기체가 되면 부피가 커지는 이유]

고체나 액체 상태보다 기체 상태일 때 입자의 운동이 활발해지기 때문입니다.

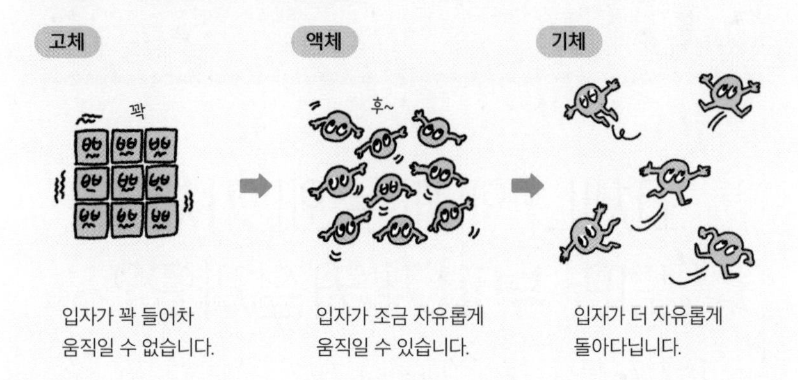

- 물질이 고체 ⇄ 액체 ⇄ 기체로 변화하는 것을 상태 변화라고 합니다.
- 상태 변화가 일어나면 질량은 바뀌지 않지만, 부피는 바뀝니다.

함께 알아 둬요! [끓는점과 증류]

얼음→물→수증기 이렇게 바뀌는 것도 상태 변화라고 하지요?

그렇지. 보통 고체→액체→기체 순으로 부피가 커지지만, 물은 예외야. 고체→액체일 때는 부피가 작아지고 밀도가 커진단다.

음, 특이하네요. 그런데 고체→액체, 액체→기체로 바뀔 때, 온도에 관한 규칙이 있나요?

상태가 변화하는 순간의 온도를 **녹는점** 혹은 **끓는점**이라고 부르는데, 순수한 물질에는 정해진 온도가 있어. 물의 녹는점은 0℃, 끓는점은 100℃이지.

순수한 물질이 아니면요?

바닷물이나 와인 같은 혼합물에는 정해진 녹는점이나 끓는점이 없어. 하지만 끓는점의 차이를 이용한 **증류법**을 사용하면 물과 에탄올의 혼합물인 와인에서 에탄올 대부분을 추출할 수 있어.

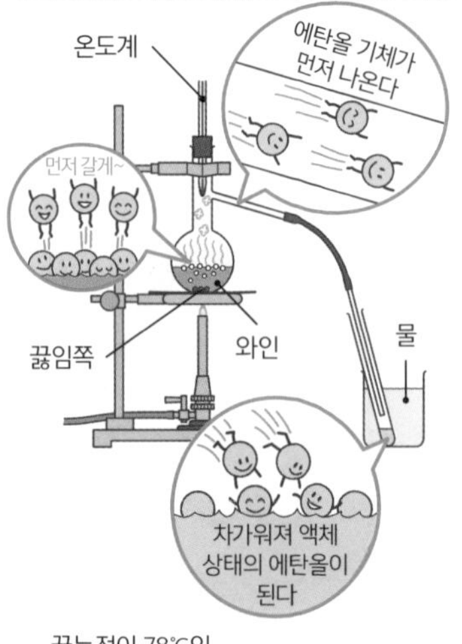

끓는점이 78℃인
에탄올이 물보다 먼저 끓어 기체가 된다

【물질의 특성】

Q. 07

난이도 ★ 중요도 ★

수용액 속의 **결정**을 **여과**하는 방법으로 추출하는 이유는?

여과 장치 중에서 고체와 액체를 나누는 도구는 무엇일까요?

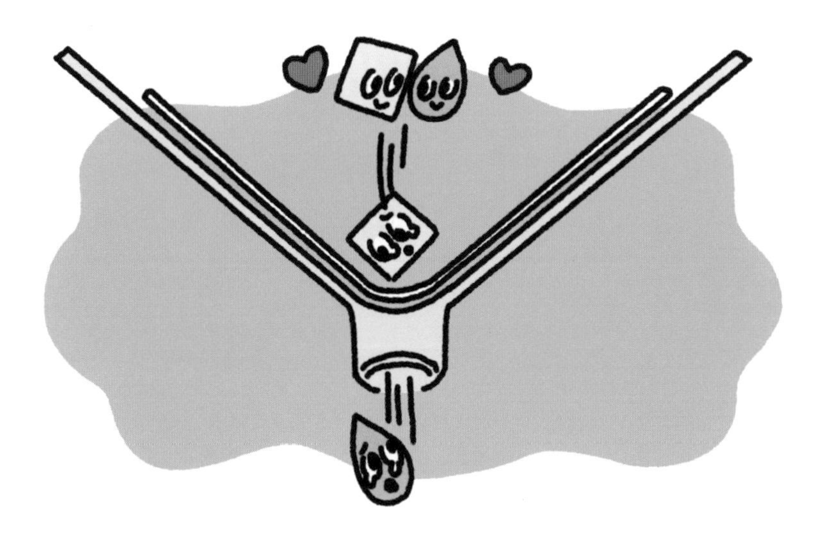

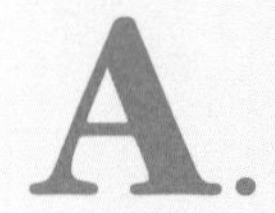

[수용액 속의 결정을 여과하는 방법으로 추출하는 이유]

고체나 큰 입자는 거름종이의 구멍을 빠져나갈 수 없기 때문입니다.

거름종이에는 눈에 보이지 않는 작은 구멍이 많이 뚫려 있어요. 그 구멍을 빠져나갈 수 있는 물이나 물에 녹아 있는 입자만 거름종이를 통과해 아래로 떨어져 여과액이 됩니다. 결정과 같은 고체나 큰 입자는 걸러져 거름종이 위에 남지요.

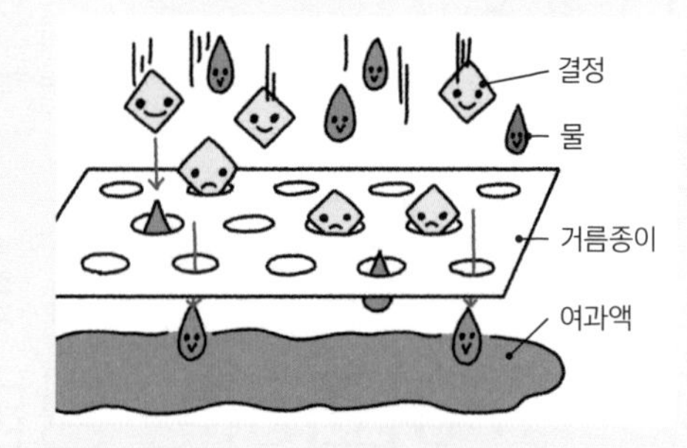

- 여과를 하면 고체와 액체를 나눌 수 있습니다.
- 물의 입자나 물에 녹아 있는 작은 입자는 거름종이를 빠져나갑니다.

함께 알아 둬요! [여과 과정]

 여과할 때 주의해야 할 것은 오른쪽에 써져 있단다.

 앗, 너무 많아요.

 실험 장치를 왜 이렇게 세팅했는지 알면 훨씬 쉽게 외워질 거야.

 자세히 알려 주세요.

 깔때기 끝의 뾰족한 부분을 비커의 벽에 붙여야 해. 떨어지는 **여과액**이 튀지 않게 하려는 거지. 여과액이 벽을 따라 천천히 흘러 떨어지게 하려는 목적도 있단다.

 아, 이렇게 실험을 세팅한 이유가 있었군요.

 기구를 정확하게 다루어야 실험에 성공할 수 있단다.

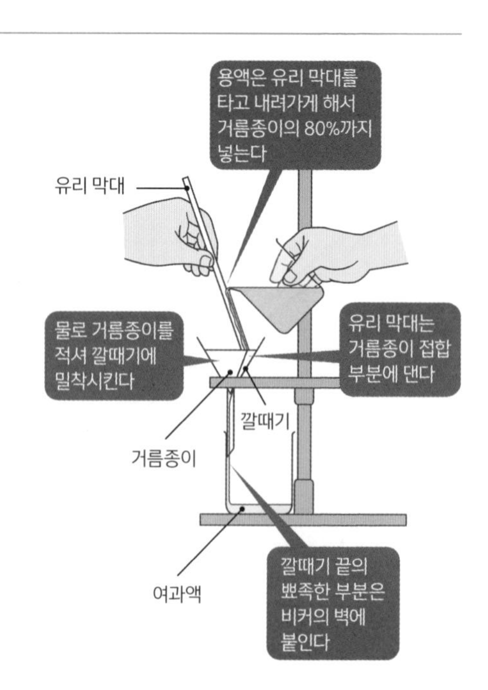

【여러 가지 화학 반응】

Q. 08

난이도 ★★　　중요도 ★★★

핫케이크 반죽에 **베이킹 소다**를 넣으면 왜 부푸나요?

베이킹 소다의 원료는 탄산수소나트륨입니다. 베이킹파우더도 같은 성분이지요.

A. [핫케이크에 베이킹 소다를 넣으면 부푸는 이유]
베이킹 소다를 가열하면 이산화탄소가 발생하여 반죽을 부풀게 하기 때문입니다.

탄산수소나트륨(베이킹 소다)은 가열하면 탄산나트륨, 이산화탄소, 물의 세 가지 물질로 분해됩니다. 이때 발생한 이산화탄소가 반죽 속에 빈 공간을 만들고, 핫케이크를 스펀지처럼 부풀게 하지요.

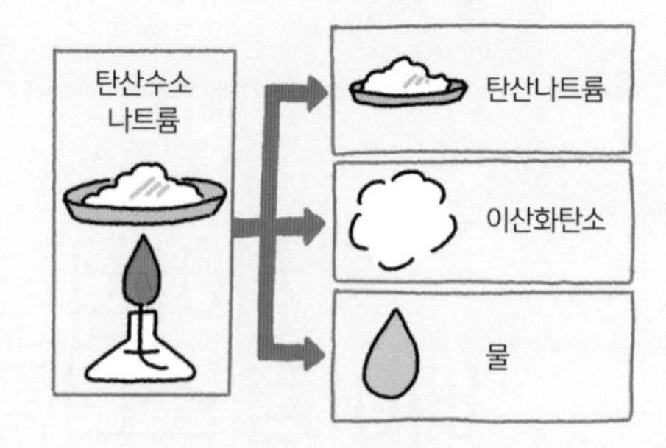

• 한 종류의 물질이 두 종류 이상의 물질로 나뉘는 화학 변화를 분해라고 합니다. 특히 가열에 의한 분해를 열 분해라고 하지요.

함께 알아 둬요! [화학 변화(화학 반응)]

탄산수소나트륨과 탄산나트륨은 같은 물질인가요? 아니면 다른 물질인가요?

물질은 수소나 탄소 등 여러 종류의 원자들이 모여 구성되지. **화학 변화**가 일어나면 원자의 구성이 바뀌어 다른 물질이 된단다.

그러면 탄산수소나트륨과 탄산나트륨은 다른 물질이겠네요.

그렇지. 탄산수소나트륨은 $NaHCO_3$, 탄산나트륨은 Na_2CO_3라는 화학식으로 표기하는 다른 물질이야.

보기에는 둘 다 그냥 하얀 가루인데 말이죠.

하지만 각각을 물에 녹여 보면 탄산나트륨은 물에 잘 녹으며 강한 염기성을 띠는, 탄산수소나트륨과는 다른 물질이라는 걸 알 수 있지.

⊘한 걸음 더 분해의 종류에는 열 분해뿐만 아니라, 전류로 하는 전기 분해, 빛으로 하는 광 분해 등이 있습니다.

탄산수소나트륨의 화학 변화(분해)
탄산수소나트륨 → 탄산나트륨 + 이산화탄소 + 물
$2NaHCO_3 \rightarrow Na_2CO_3 + CO_2 + H_2O$

탄산수소나트륨의 열 분해 실험

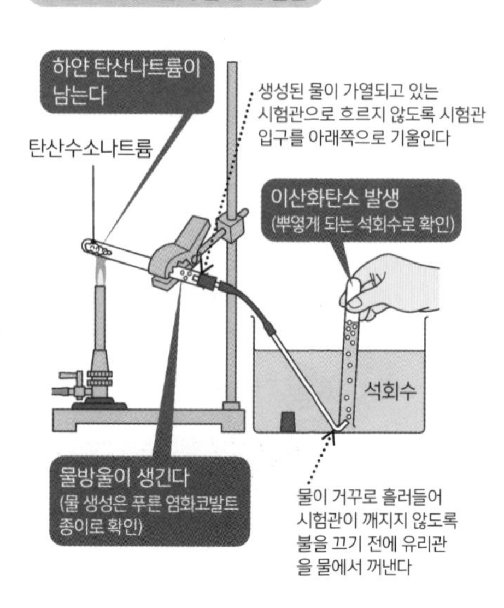

Q. 09

난이도 ★ 중요도 ★★

물을 분해하려면 끓여야 할까요? 전기를 흐르게 해야 할까요?

물을 끓이면 수증기가 돼요. 물과 수증기는 다른 물질인가요? 아니면 같은 물질인가요?

[물을 분해하는 방법]
전기를 써야 합니다. 전기가 흐르면 물은 수소와 산소로 분해됩니다.

물을 끓인다

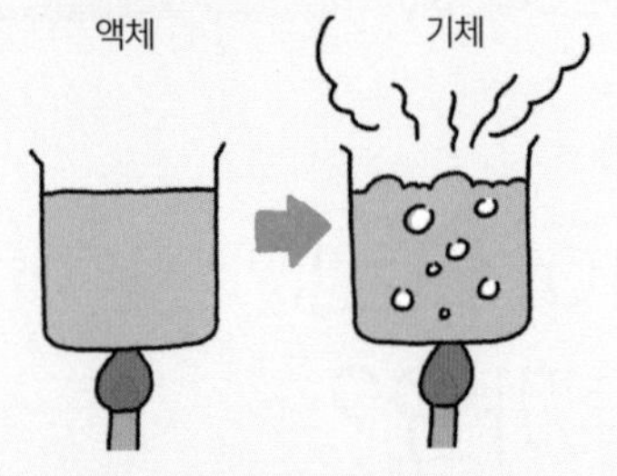

액체에서 기체로 상태 변화합니다.

물에 전기를 흘린다

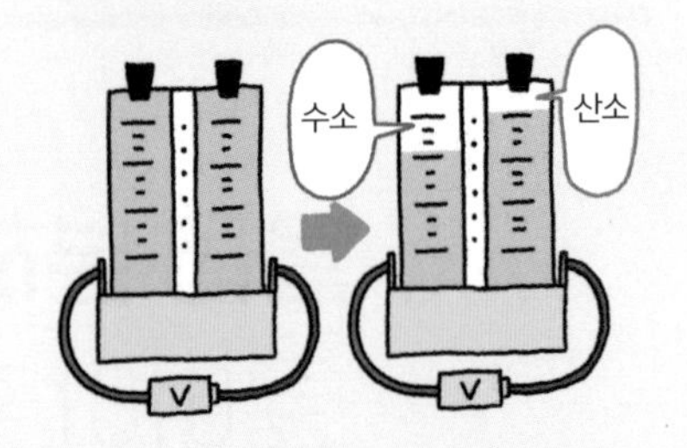

물이 수소와 산소로 분해됩니다.

- 물을 전기 분해하면 음극에 수소, 양극에 산소가 2:1의 비율로 발생합니다.
- 화학 반응식은 $2H_2O \rightarrow 2H_2 + O_2$

함께 알아 둬요! [물의 전기 분해]

오른쪽 그림이 전기 분해 실험 장치야.

수산화나트륨을 조금 녹인 물을 사용하는 이유가 뭔가요?

순수한 물에는 전기가 잘 흐르지 않기 때문이지.

음극, 양극이라는 건 뭐예요?

전원 장치의 (+)극에 연결된 쪽이 양극, (-)극에 연결된 쪽이 음극이란다.
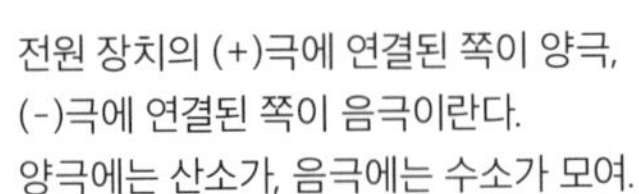
양극에는 산소가, 음극에는 수소가 모여.

발생한 기체가 수소와 산소라는 것은 어떻게 알아요?

고무마개를 열고 성냥불을 갖다 대었을 때 펑 소리를 내며 활활 타는 쪽이 **수소**, 꺼져 가는 향을 넣었을 때 불이 살아나는 쪽이 **산소**란다.

물의 화학 변화(분해)
물 → 수소 + 산소
$2H_2O \rightarrow 2H_2 + O_2$

물의 전기 분해 실험

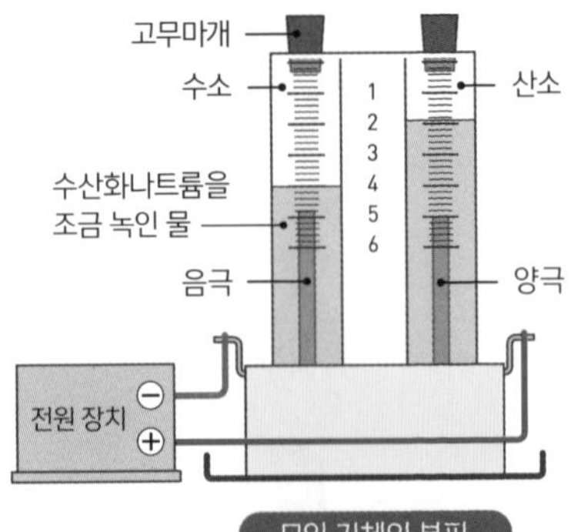

모인 기체의 부피
수소 : 산소 = 2 : 1

Q. 10

난이도 ★ 중요도 ★★

원자와 분자는 어떻게 다르나요?

둘 다 눈에 보이지 않을 만큼 작은 입자이지요.
그중 더 작은 입자는 무엇일까요?

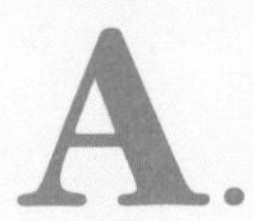

[원자와 분자의 차이]

원자는 가장 작은 입자입니다. 원자들이 모여 분자를 만듭니다.

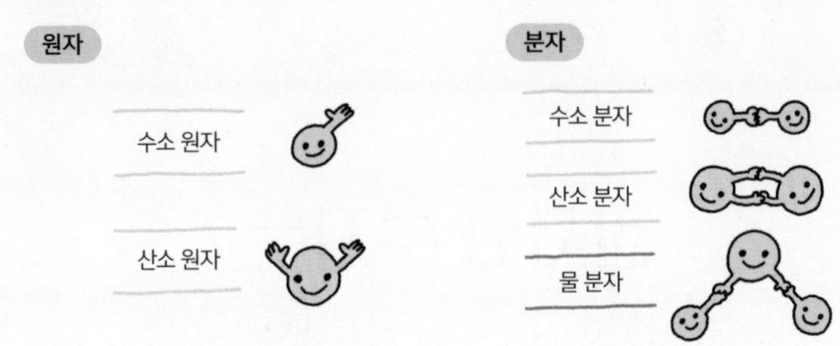

원자는 더 이상 쪼개지지 않는 가장 작은 입자입니다.

분자는 원자 몇 개가 결합된 것입니다.

- 물질을 구성하는 최소 입자가 원자입니다.
- 원자들이 결합된 입자가 분자입니다. 기체는 대부분 분자로 존재합니다.

함께 알아 둬요! [물질의 분해]

물질은 원자 아니면 분자인가요? 그럼 소금물은 분자겠군요!

아니야. 소금물은 소금과 물이 섞여 있는 **혼합물**이지. 소금(염화나트륨)이나 물은 각각 원자나 분자로 구성된 **순물질(순수한 물질)**이야.

그래요? 또 다른 건요?

순물질에는 한 종류의 원자로 구성된 **홑원소 물질**과 두 종류 이상의 원자로 구성된 **화합물**이 있어.

소금이나 물은 화합물이겠네요.

홑원소 물질이나 화합물은 물질이 모두 분자로 이루어진 것과 분자를 만들지 않는 물질로 나눌 수 있어. 분자를 만들지 않는 화합물인 염화나트륨의 경우, 나트륨과 염소의 원자가 1 대 1 비율로 모여 있지. 이를 NaCl이라는 화학식으로 표현한단다.

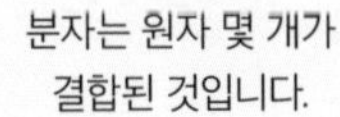

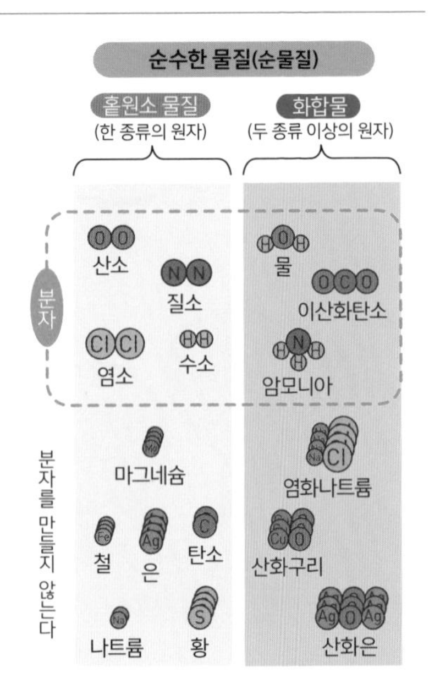

Q. 11

난이도 ★★ 중요도 ★★

자전거의 핸들이나 체인은 **왜 녹슬까요?**

녹이 스는 것은 녹이라는 물질이 날아와서 붙는 게 아니랍니다!

A. [자전거 핸들이나 체인이 녹스는 이유]
철이 공기 중의 산소와 결합하여 산화철이라는 새로운 물질이 생기기 때문이지요.

빠른 산화

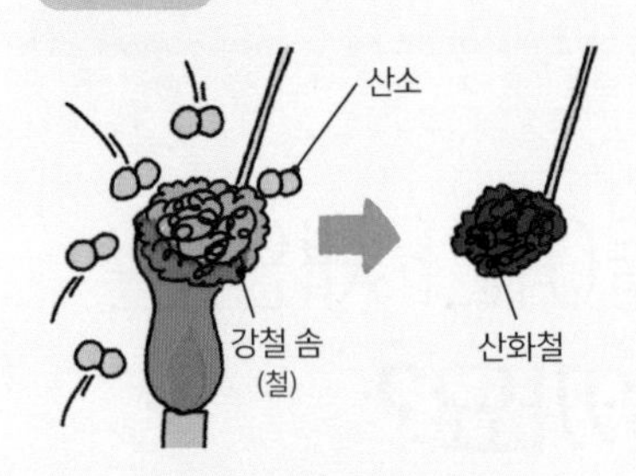

철을 태우면 산화합니다.
철 + 산소 → 산화철

느린 산화

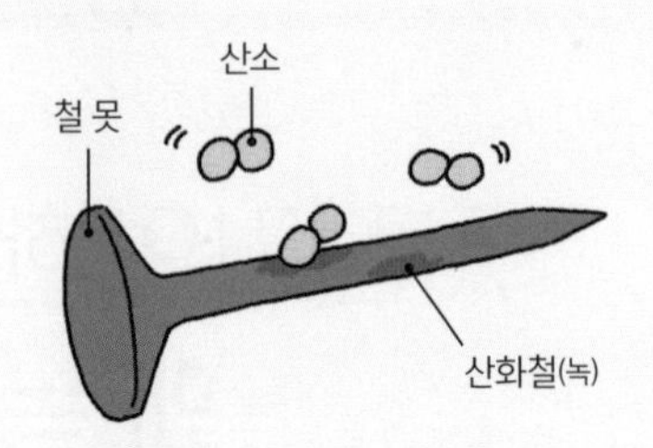

공기 중의 산소가 천천히 철과 결합하여 산화철(녹)이 됩니다.

- 두 종류 이상의 물질이 결합하여 다른 물질이 되는 변화를 화합이라고 합니다.
- 물질이 산소와 화합하는 것을 산화라고 하고, 이때 생기는 물질을 산화물이라고 합니다.

함께 알아 둬요! [유기물의 연소]

초나 알코올이 타는 것도 산화인가요?

맞아. 산소와 결합하여 산화되는 거란다. 특히 물질이 탈 때처럼 열이나 빛을 내며 빠르게 산화하는 것을 **연소**라고 해.

양초 같은 유기물을 태우면 반드시 생기는 것이 이산화탄소였죠?

유기물에는 탄소가 반드시 포함되어 있으니, 탄소가 산소와 결합하여 이산화탄소가 생기는 것이지. 유기물에는 대체로 수소도 포함되어 있어. 그래서 수소와 산소가 결합해 물도 생긴단다.

그렇군요! 물은 수소와 산소로 구성되어 있으니까요.

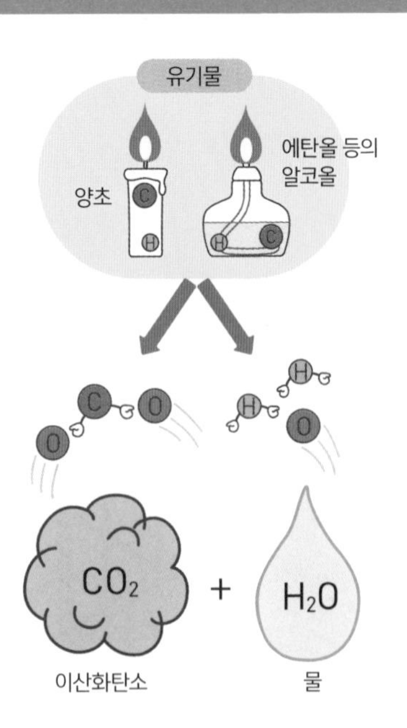

Q. 12

난이도 ★★ 중요도 ★★★

새까만 **산화구리**에 탄소를 넣어 가열했을 때 붉은색을 띤 **구리가 생기는 이유는?**

힌트

산소를 제거하는 환원이라는 반응이랍니다.
산화물 속에 있는 산소의 이동을 생각해 보세요!

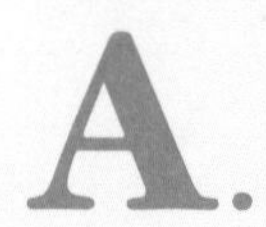

[산화구리에 탄소를 넣어 가열하면 구리가 되는 이유]

탄소가 산화구리에서 산소를 빼앗아 가기 때문입니다.

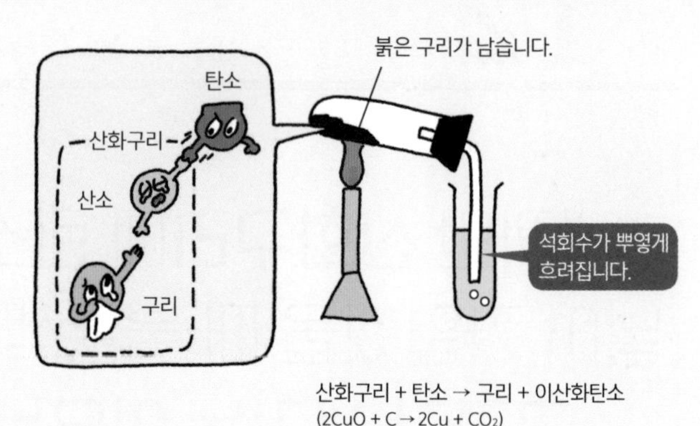

가열하면 탄소는 구리보다 산소와 쉽게 결합합니다.

산화구리 + 탄소 → 구리 + 이산화탄소
($2CuO + C \rightarrow 2Cu + CO_2$)

• 산화물에서 산소가 제거되는 화학 변화를 환원이라고 합니다.

함께 알아 둬요! [산화철의 환원]

 환원은 철광석에서 철을 추출할 때에도 일어나지.

 철광석은 그 자체로 철이 아닌가요?

 지하에서 파낸 철광석에는 산화철이 많이 포함되어 있어. 거기서 홑원소 물질인 철을 추출하는 거야.

 오, 어떻게요?

 용광로 같은 곳에서 산화철과 탄소를 함께 가열하면 산화철의 산소가 탄소와 결합하고 철이 남게 되지.

 그럼 탄소는 산화되는 거군요.

 바로 그거야. 환원과 산화는 동시에 일어난단다.

 그렇군요. 산소가 산화되기 쉬운 물질 쪽으로 이동하는 거네요.

철을 제련하는 용광로의 구조

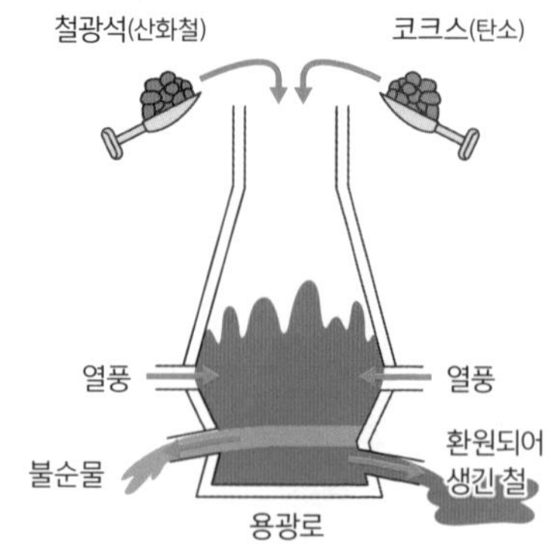

산화와 환원

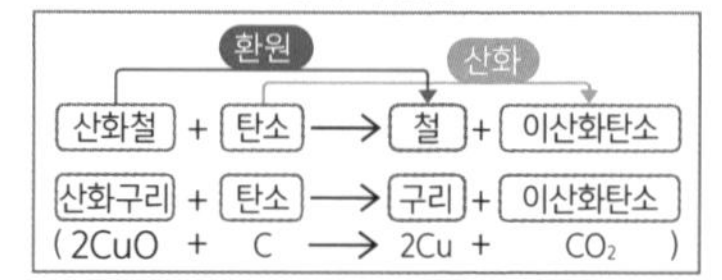

【여러 가지 화학 반응】

Q. 13

난이도 ★ 중요도 ★★

철이 산소와 만나면 산화철이 되지요. **철이 황과 만나면** 무엇이 될까요?

어떤 물질이 산소와 결합하는 일을 산화라고 부르지요. 그렇다면 황과 결합하는 일은 뭐라고 할까요?

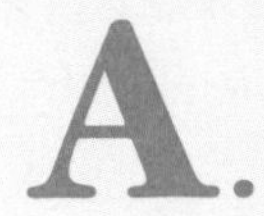

[철과 황이 만나면 생기는 물질]
황과 화합하므로 황화철입니다.

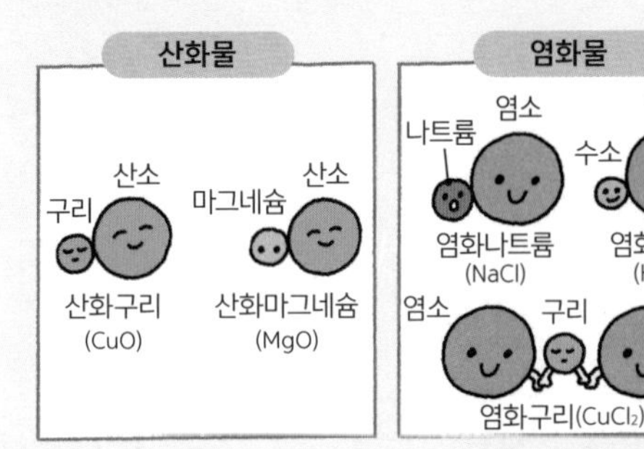

산소와 화합하면 산화물이 됩니다.

염소와 화합하면 염화물이 됩니다.

황과 화합하면 황화물이 됩니다.

• 황과 화합하는 것을 황화라고 하고, 이때 만들어지는 물질을 황화물이라고 합니다.

함께 알아 둬요! [철과 황의 화합]

황화철은 어떤 물질인가요?

철이나 황과는 다른 성질을 띠는 별개의 물질이란다.

어떻게 다른데요?

예를 들면, 철과 황의 혼합물은 자석에 붙고, 염산을 가하면 수소가 발생되잖아.

가열해서 생긴 황화철은요?

자석에 붙지 않아. 그리고 염산을 가하면 달걀 썩는 냄새가 나는 황화수소가 발생해.

그런 냄새, 온천에 가면 나잖아요.

바로 그거야. 황화수소는 화산이나 유황 온천에서 나오는 가스에 포함된 유해한 기체야. 밀폐된 공간에서의 온천욕은 피하는 게 좋아.

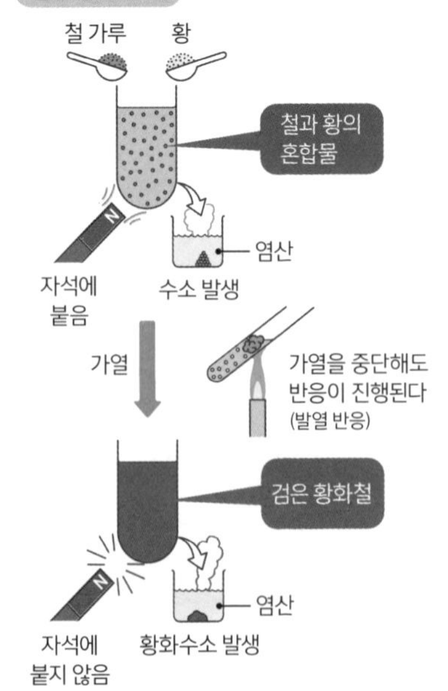

【여러 가지 화학 반응】

Q. 14

난이도 ★★★ 중요도 ★★★

목탄을 태우면 가벼운 재만 남는데, 금속이 타면 **무거워지는 이유**는?

탄다는 것은 산소와 화합한다는 의미이기도 하죠.

A. [금속이 연소하면 무거워지는 이유]
목탄의 탄소는 공기 중으로 날아가 버리지만,
금속은 산소와 결합하는 만큼 질량이 늘어나기 때문입니다.

목탄의 연소

탄소 C + 산소 O_2 → 이산화탄소 CO_2

목탄의 주성분인 탄소는 공기 중의 산소와 결합하여 이산화탄소가 됩니다.

금속의 연소

구리 2Cu + 산소 O_2 → 산화구리 2CuO

금속은 가열하여 산화하면 산소의 양만큼 더 무거워집니다.

- 화학 반응이 일어날 때 반응하는 물질의 총 질량과 반응 후 생성된 물질의 총 질량은 같아요.(질량 보존의 법칙)

함께 알아 둬요! [화합하는 물질의 질량비]

 금속은 산소와 결합하면 끝도 없이 계속 무거워지나요?

 그렇지는 않아. 금속과 결합할 수 있는 산소의 양이 정해져 있어.

 예를 들어 주세요.

 예를 들면, 구리와 산소가 결합하는 질량비는 구리 : 산소 = 4 : 1로 정해져 있어. 그러니까 구리 : 산소 : 산화구리의 질량비는 4 : 1 : 5가 되겠지.

 마그네슘과 산소는요?

마그네슘 : 산소 = 3 : 2야. 따라서 마그네슘 : 산소 : 산화마그네슘의 질량비는 3 : 2 : 5가 되지.

 그렇군요!

비율을 이용하면 물질 중 한 가지의 질량만 알아도 다른 물질의 질량을 구할 수 있단다.

구리와 산소의 화합

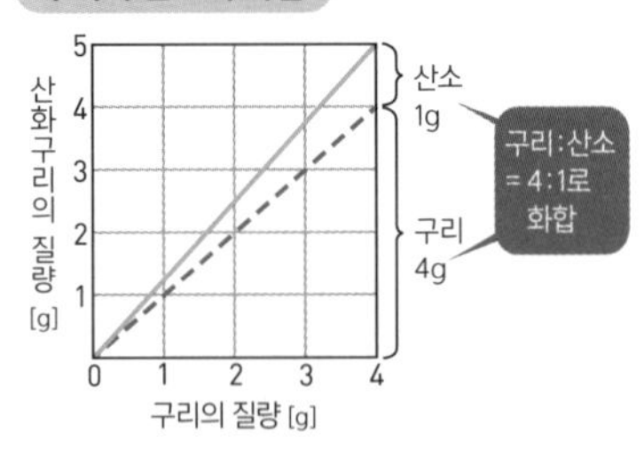

마그네슘과 산소의 화합

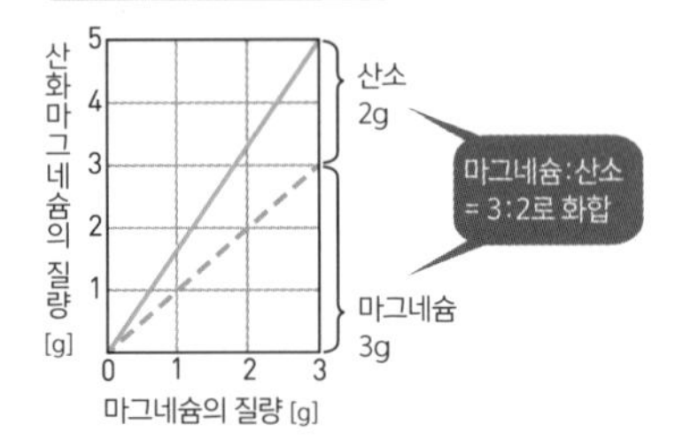

【여러 가지 화학 반응】

Q. 15

난이도 ★★ 중요도 ★★★

설탕물에는 전기가 흐르지 않는데, **소금물에는 전기**가 흐르는 이유는?

고체 상태의 소금에는 전류가 흐르지 않아요.
하지만 수용액이 되면 소금 원자에 변화가 일어나지요.

A.

[소금물에 전류가 흐르는 이유]

설탕은 물에 녹아도 분자 상태 그대로 있지만, 소금은 물에 녹으면 이온화(중성인 분자나 원자가 전자를 잃거나 얻는 것)되어 이온으로 존재하기 때문입니다.

설탕

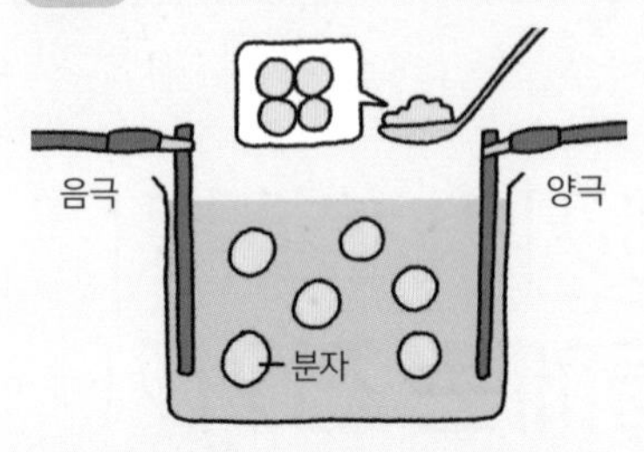

설탕은 물에 녹아도 이온화되지 않고 분자 상태 그대로이므로 전류가 흐르지 않습니다.

염화나트륨(소금)

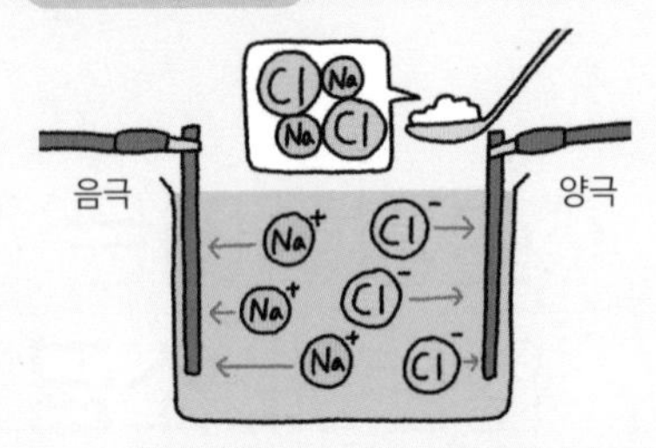

염화나트륨은 물에 녹아 음이온과 양이온으로 나누어지므로(이온화) 전류가 흐릅니다. ($NaCl \rightarrow Na^{+} + Cl^{-}$)

- 전류가 흐르는 물질(전해질)은 수용액이 되었을 때 물속에서 이온화되어 양이온과 음이온으로 나누어집니다.

함께 알아 둬요! [전류와 이온]

전류는 왜 흐르나요?

전자가 이동하기 때문이야. 금속에 전류가 흐르는 것은 금속 내의 전자가 (+)극을 향해 움직이기 때문이지.

전자의 흐름이 바로 전류이군요. 그럼 전해질 수용액에 전류가 흐를 때는요?

수용액 속에는 전자를 얻어 (-)전하를 띠는 **음이온**과 전자를 잃어 (+)전하를 띠는 **양이온**이 있는데 말이야….

이온화되었기 때문이죠?

맞아. 음이온은 가지고 있는 전자를 양극에 건네주고, 양이온은 음극에서 전자를 얻게 되지. 전자의 흐름은 이렇게 이루어진단다.

금속 내에서 전자의 이동

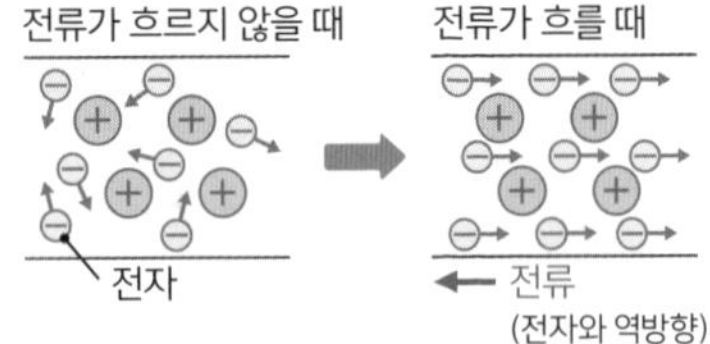

전해질 수용액에서 전자의 이동

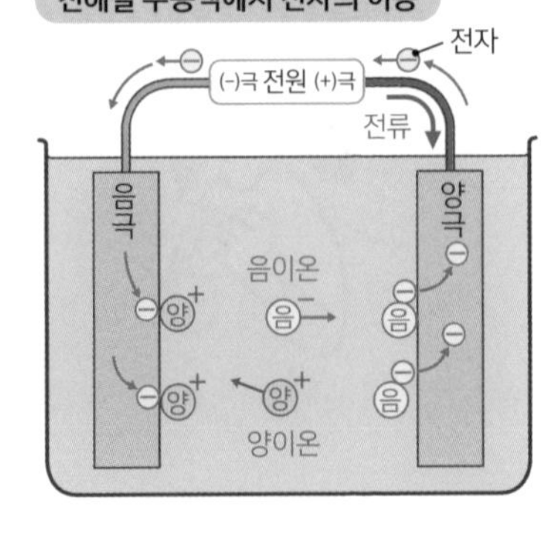

【여러 가지 화학 반응】

Q. 16

난이도 ★★　　중요도 ★★

염산에 종류가 다른 금속판 두 개를 넣으면 **전지***가 만들어지는 이유는?

* 전지: 전기 에너지를 발생시키는 장치

두 종류의 금속판은 각각 전지의 (+)극과 (-)극이 됩니다.
전자의 이동을 생각해 보세요.

A.

[염산과 두 종류의 금속판으로 전지가 만들어지는 이유]

(-)극에서 (+)극으로 전자가 이동하여 전류가 흐르기 때문입니다.

(-)극의 금속이 전자를 내어놓고 양이온이 되어 염산에 녹아 나옵니다. 전자는 도선을 통해 (+)극으로 이동하고, 수용액 속에 있는 양이온으로 전달됩니다. 이 전자의 흐름과 반대 방향 흐름이 전류가 됩니다.

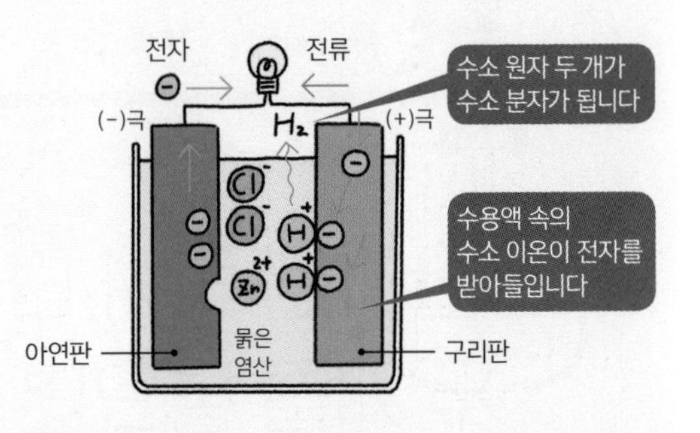

- 두 종류의 금속을 전해질 수용액에 넣으면 전지가 됩니다.
- 전류의 방향은 전자의 흐름과 반대 방향입니다.

함께 알아 둬요! [금속의 종류와 전지]

 어떤 금속이라도 전지가 되나요?

 같은 종류의 금속판으로는 금속이 이온화가 되지 않아. 그러면 전류가 흐르지 않지. 두 가지 금속 중 쉽게 이온화가 되는 금속이 (-)극이 되어 염산에 녹아 나오는 거야.

 그럼 아연판과 구리판으로 만든 전지보다 마그네슘과 구리판으로 만든 전지의 전류가 강하겠네요?

그렇지. 아연보다 마그네슘이 더 쉽게 이온화 되니까. 두 가지 금속이 이온화 되는 정도의 차이가 클수록 큰 전압이 생긴단다.

 집에서 사용하는 망가니즈 건전지는요?

 (-)극에 아연, (+)극에 이산화망가니즈를 사용한단다.

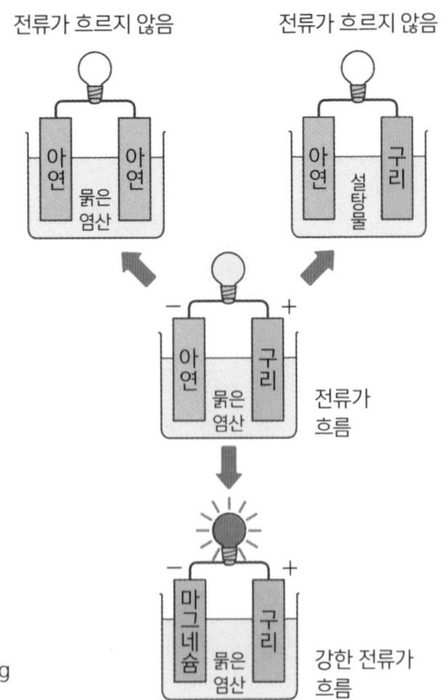

⊘한 걸음 더 Na > Mg > Al > Zn > Fe > Cu > Ag 순으로 더 쉽게 이온화됩니다.

【여러 가지 화학 반응】

Q.17

난이도 ★★ 중요도 ★★

산성, 염기성은 어떻게 구분하나요?

산성과 염기성은 수용액의 성질입니다.
각 수용액에 공통적으로 있는 것은 무엇인지 생각해 보세요.

가 맛이 신 것이 산성, 단 것은 염기성이다.

나 붉은 리트머스지가 푸르게 변하면 산성, 푸른 리트머스지가 붉게 변하면 염기성이다.

다 수소 이온이 있으면 산성, 수산화 이온이 있으면 염기성이다.

[산성, 염기성의 차이]

다 수용액 속에 수소 이온이 있으면 산성, 수산화 이온이 있으면 염기성입니다.

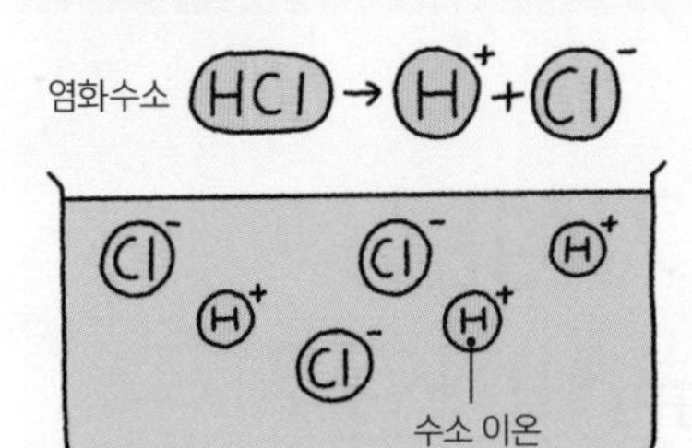

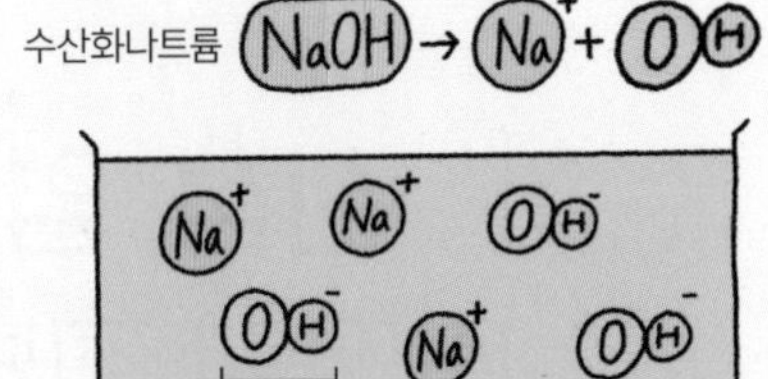

이온화되어 수소 이온을 내놓는 물질을 '산'이라고 합니다.

이온화되어 수산화 이온을 내놓는 물질을 '염기'라고 합니다.

• 수소 이온에 의해 산성이, 수산화 이온에 의해 염기성이 나타납니다.

함께 알아 둬요! [산성, 염기성]

 산은 신맛, 염기는 쓴맛이죠?

 이런! 맛보면 위험해! 정확한 방법으로 조사해야지.

 리트머스지로 하면 되죠?

 그것만 있는 게 아니야. BTB 용액으로도 구분할 수 있어. 산성, 중성, 염기성일 때 각각 색이 바뀌기 때문에 알아보기 쉽단다.

 마그네슘은 산성 수용액하고만 반응해서 수소가 나오네요?

 그렇지. 반면 아연이나 알루미늄은 산성 수용액뿐만 아니라 강한 염기성 수용액에도 반응해서 수소를 발생시키니 주의해야 해.

	산성	중성	염기성
리트머스지	푸른색 → 붉은색	변화 없음	붉은색 → 푸른색
BTB 용액	노란색	초록색	파란색
페놀프탈레인 용액	무색	무색	빨간색
마그네슘	수소 발생	변화 없음	변화 없음
pH	7보다 작다	7	7보다 크다

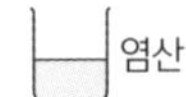

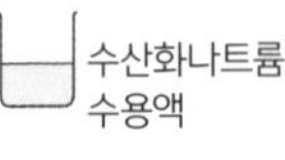

【여러 가지 화학 반응】

Q. 18

난이도 ★★ 중요도 ★★★

산성과 염기성 수용액을 섞었을 때 **물이 생기는 이유**는?

산성 수용액과 염기성 수용액에 존재하는 이온을 생각해 보세요!

A. [산성, 염기성 수용액을 섞으면 물이 생기는 이유]
중화가 일어나 수소 이온과 수산화 이온이 결합하기 때문에 물이 생깁니다.

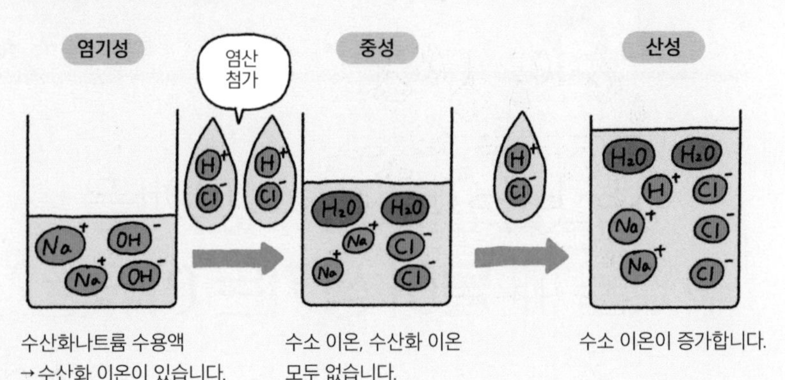

수산화나트륨 수용액 → 수산화 이온이 있습니다.

수소 이온, 수산화 이온 모두 없습니다.

수소 이온이 증가합니다.

• 중화가 일어나면 수소 이온과 수산화 이온이 결합해 물이 생기고, 서로의 성질을 상쇄합니다. $H^+ + OH^- \rightarrow H_2O$

함께 알아 둬요! [중화와 소금]

 중화가 일어나면 전부 물이 되나요?

 그렇지 않아. 수소 이온과 수산화 이온의 양에 차이가 있으면 어느 한쪽의 이온이 남기도 하지. 그때는 중성이 되지 않아. 그런데 이때, 수소 이온과 수산화 이온 외에도 남는 이온이 있단다.

 음, 뭐가 남아요?

산의 음이온과 염기의 양이온이지. 이 이온들이 결합하면 '염'이라는 물질이 생긴단다. 산 + 염기 → 염 + 물이라고 할 수 있겠지.

 그러면 염산과 수산화나트륨 수용액을 섞어서 생기는 '염'은 염화나트륨인 거네요.

 그렇지. 염산 말고 다른 산과 염기의 중화로 생기는 물질도 모두 '염'이라고 해.

염산과 수산화나트륨 수용액에서 생기는 염

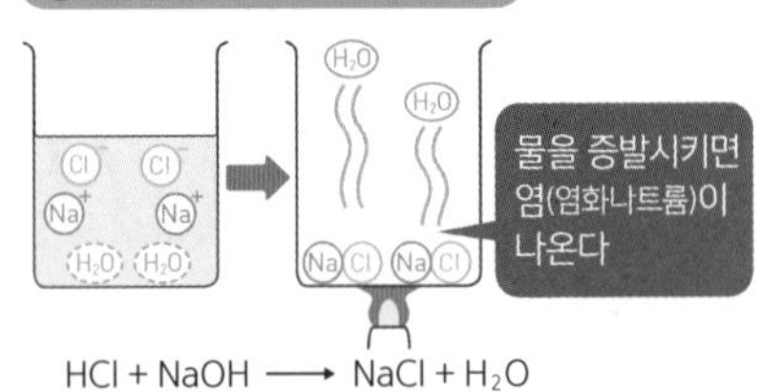

$HCl + NaOH \longrightarrow NaCl + H_2O$

황산과 수산화바륨 수용액에서 생기는 염

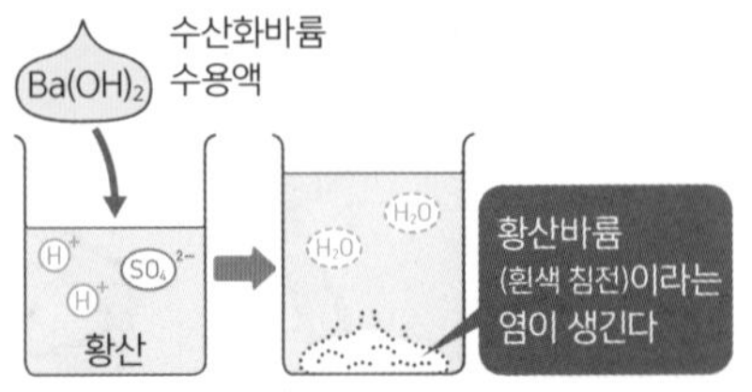

$H_2SO_4 + Ba(OH)_2 \longrightarrow BaSO_4 + 2H_2O$

【화학】 확인 테스트

◉ 정답은 229쪽에

1

그림과 같은 장치로 물과 에탄올 혼합물을 가열하여 3개의 시험관에 차례로 액체를 모았습니다. 처음에 나온 액체는 시험관 A, 그다음에 나온 것은 시험관 B, 마지막에 나온 것을 시험관 C에 모았다고 할 때 다음 각 물음에 답하세요.

(1) 이 실험과 같이 액체를 가열하여 끓이고, 여기서 나오는 기체를 식혀 다시 액체로 만들어 모으는 일을 무엇이라고 하나요?

〔 〕

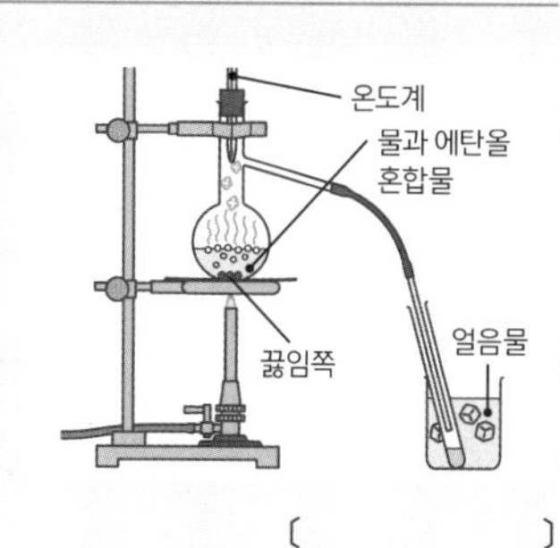

(2) 플라스크에 끓임쪽을 넣는 이유는 무엇일까요?

〔 〕

(3) 이 실험에서는 어떤 차이를 이용하여 물과 에탄올을 분리하나요?

〔 〕

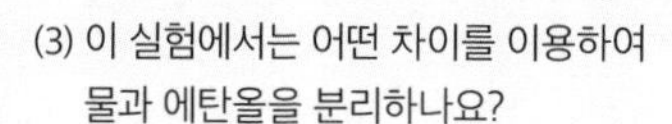

(4) 시험관 A, B, C 중에서 에탄올을 가장 많이 포함한 것은 무엇인가요?

〔 〕

(5) (4)의 답을 쓴 이유를 간단하게 설명해 보세요.

〔 〕

2

그림과 같이 탄산수소나트륨을 가열했더니 이산화탄소가 발생하고, 시험관 입구 쪽에 물이 생겼습니다. 다음 각 물음에 답하세요.

(1) 이산화탄소와 물이 발생한 것은 각각 무엇을 사용해 조사했을까요?

① 이산화탄소

〔 〕

② 물

〔 〕

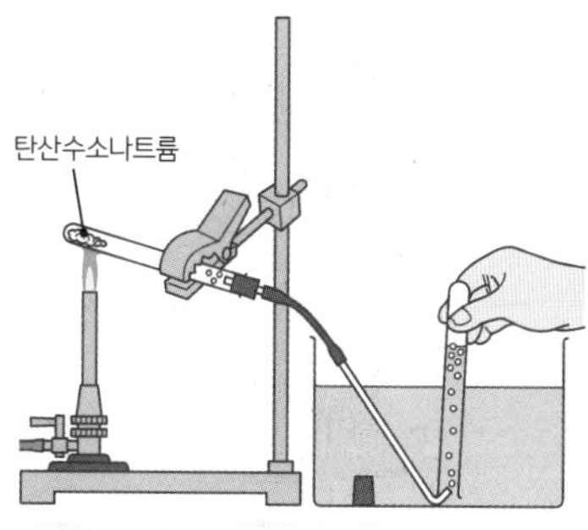

(2) 오른쪽 그림과 같이 기체를 모으는 방법을 무엇이라고 하나요?

〔 〕

(3) 가열하는 시험관의 입구를 조금 아래쪽으로 기울이는 이유는 무엇일까요?

〔 〕

(4) 탄산수소나트륨의 열 분해 화학 반응식을 쓰세요.

〔 〕

3

[그림 1]과 같이 구리 분말 0.4g을 가열하여 질량을 측정하고, 잘 섞은 후 다시 가열하는 과정을 반복하였습니다. [그림 2]는 그 결과를 정리한 것입니다. 다음 각 물음에 답하세요.

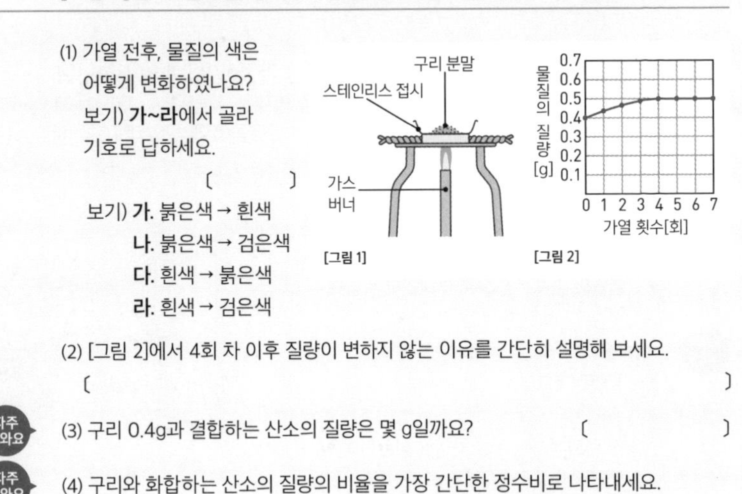

[그림 1] [그림 2]

(1) 가열 전후, 물질의 색은 어떻게 변화하였나요? 보기) **가~라**에서 골라 기호로 답하세요.

〔　　　　〕

보기) **가.** 붉은색 → 흰색
나. 붉은색 → 검은색
다. 흰색 → 붉은색
라. 흰색 → 검은색

(2) [그림 2]에서 4회 차 이후 질량이 변하지 않는 이유를 간단히 설명해 보세요.

〔　　　　〕

자주 나와요 (3) 구리 0.4g과 결합하는 산소의 질량은 몇 g일까요? 〔　　　　〕

자주 나와요 (4) 구리와 화합하는 산소의 질량의 비율을 가장 간단한 정수비로 나타내세요.

구리 : 산소 = 〔　　　　〕

자주 나와요 (5) 구리 분말 1.2g을 사용하여 같은 방식으로 실험을 하면 몇 g의 산화구리가 생길까요? 〔　　　　〕

4

그림과 같이 묽은 염산 5mL에 BTB 용액을 첨가한 다음, 수산화나트륨 수용액을 조금씩 첨가했습니다. 수산화나트륨 용액을 10mL 넣었을 때 액체가 초록색이 되었습니다. 다음 각 물음에 답하세요.

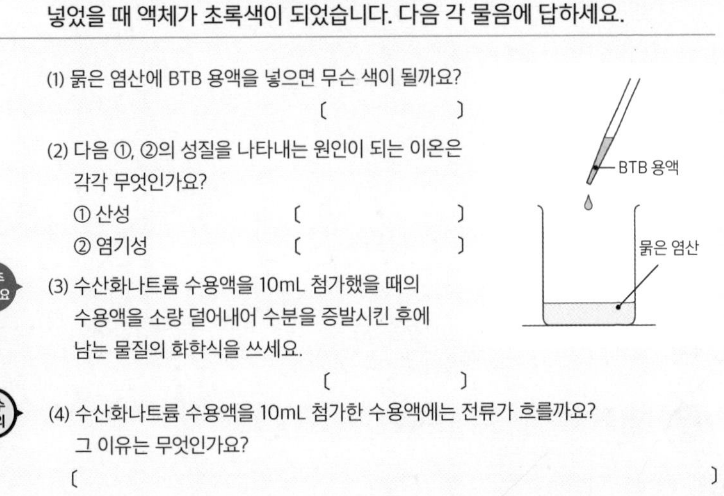

(1) 묽은 염산에 BTB 용액을 넣으면 무슨 색이 될까요?

〔　　　　〕

(2) 다음 ①, ②의 성질을 나타내는 원인이 되는 이온은 각각 무엇인가요?

① 산성 〔　　　　〕
② 염기성 〔　　　　〕

자주 나와요 (3) 수산화나트륨 수용액을 10mL 첨가했을 때의 수용액을 소량 덜어내어 수분을 증발시킨 후에 남는 물질의 화학식을 쓰세요.

〔　　　　〕

실수 주의 (4) 수산화나트륨 수용액을 10mL 첨가한 수용액에는 전류가 흐를까요? 그 이유는 무엇인가요?

〔　　　　〕

【화학】 

원리를 찾는 다섯 가지 질문

화학을 더 깊이 알아보자!

열심히 할게요!

Q. 01

우유는 물을 많이 포함하고 있는데 왜 '수용액'이라고 하지 않나요?

수용액의 성질을 떠올려 봐.

Q. 02

표백제나 세제의 용기에 '혼합 사용 금지'라고 표기되어 있는 이유는?

섞으면 뭔가 생기는 걸까?

A. 01 우유는 내버려 두어도 뿌옇고 탁한 상태가 유지됩니다. 투명해지지 않지요.

해 설 우유는 물, 단백질, 지방 등의 입자가 균일하게 섞여 있습니다. 수용액과 비교해 입자의 크기가 크기 때문에 빛이 통과하지 않고, 투명해지지도 않지요. 이런 액체를 **콜로이드 용액**이라고 한답니다.

먹물이나 잉크도 콜로이드 용액이랍니다.

A. 02 표백제나 세제를 섞으면 그 종류에 따라서 인체에 유해한 염소가 발생하기 때문입니다.

해 설 염소계 표백제나 세제에는 차아염소산나트륨이라는 물질이 들어 있습니다. 이 물질에 염산이 들어간 산성 세제를 넣으면 화학 반응이 일어나 **유독한 염소가 발생합니다**. 인체에 매우 위험하므로 주의를 요구하는 표시가 있지요.

직접 두 종류의 표백제나 세제를 섞지 않더라도 배수구에 흘려보내면서 섞이기도 해요. 버릴 때도 주의해야겠죠?

염소계 표백제 등을 사용할 때는 환기에 신경 써야겠네.

Q. 03 홍차에 레몬을 넣으면 색이 연해지는 이유는?

레몬즙의 성질을 생각해 보세요!

Q. 04 야외에 있는 동상은 눈물이나 땀을 흘리는 것처럼 보일 때가 있는데 왜 그럴까요?

실내에 있는 동상에서는 보이지 않아요. 동상 주변의 환경 때문이겠죠.

Q. 05 수소연료전지 자동차는 어떤 에너지로 움직일까요?

물이 생기는 연료라면?

A. 03 레몬의 산이 홍차의 색을 만드는 물질의 색을 옅게 만들기 때문입니다.

해설 뜨거운 물에 홍차 잎을 넣으면 잎의 색이 녹아서 물이 적갈색이 됩니다. 이 색의 원인이 되는 성분 중 하나가 **레몬의 산 때문에 무색이 되므로** 레몬을 넣으면 홍차의 색은 전체적으로 연해집니다.

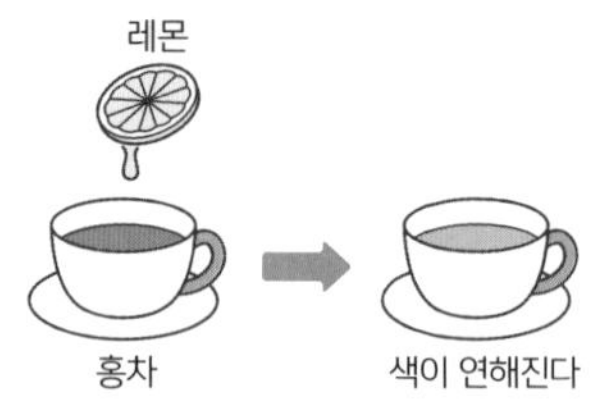

A. 04 산성비를 맞아 동상의 표면이 녹아 흐른 흔적이 남아 있는 것입니다.

해설 대기 중의 **이산화황**이나 **질소산화물** 등은 비에 녹아 pH5.6 이하의 강한 산성을 띠는 **산성비**를 만듭니다. 산성비 때문에 야외의 금속이나 콘크리트, 대리석의 표면이 녹거나 식물이 마르고 시드는 피해가 생깁니다.

이산화황이나 질소산화물은 공장의 매연이나 자동차의 배기가스에 들어 있답니다.

A. 05 수소연료전지 자동차는 수소와 산소의 화학 반응으로 물이 생길 때의 전기 에너지를 이용합니다.

해설 수소연료전지는 물의 전기 분해와 반대로 **수소와 산소가 반응하여 물이 생길 때 발생하는 전기 에너지**를 이용하는 장치입니다. 수소연료전지 자동차는 엔진이 없어 배기가스 및 오염물을 배출하지 않기 때문에 친환경 자동차로 실용화가 추진되고 있습니다.

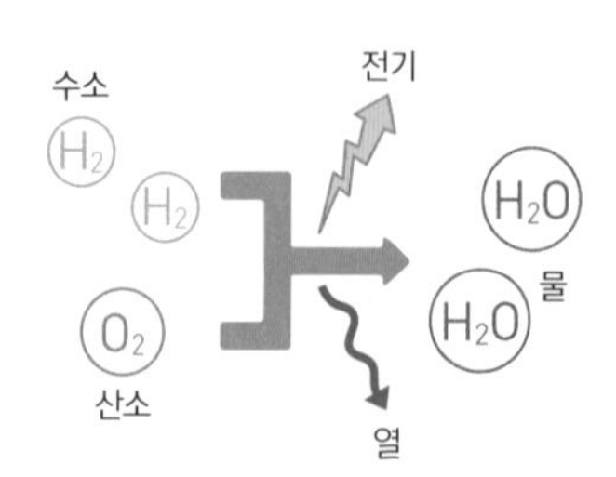

03
물리

물리 | 공식과 법칙으로 미리 보는 핵심 포인트

물리에서 중요한 부분을 정리했습니다.
퀴즈를 풀다 막힐 때는 이 페이지를 다시 확인해 보세요!

빛의 반사와 굴절

▶ Q01, 02

반사 법칙
입사각 = 반사각

빛
입사광
입사각
반사각
반사광
거울

공기 → 물(유리)
로 진행할 때
입사각 > 굴절각

물(유리) → 공기
로 진행할 때
입사각 < 굴절각

입사각
빛
공기
일부 반사
물
(유리)
굴절각

굴절각
빛
일부 반사
입사각

볼록 렌즈를 통과하는 빛

▶ Q03

물체
①
②
③
볼록 렌즈의 축
초점
초점
실상

① 볼록 렌즈의 축에 평행한 빛은 볼록 렌즈를 통과한 후 초점을 지난다.

② 볼록 렌즈의 중심을 통과하는 빛은 볼록 렌즈를 통과한 후 그대로 직진한다.

③ 초점을 통과하는 빛은 볼록 렌즈를 통과한 다음 볼록 렌즈의 축에 평행하게 진행한다.

압력 공식

▶ Q06

압력[Pa]

$$= \frac{\text{힘의 크기[N]}}{\text{힘이 작용하는 면적[m}^2\text{]}}$$

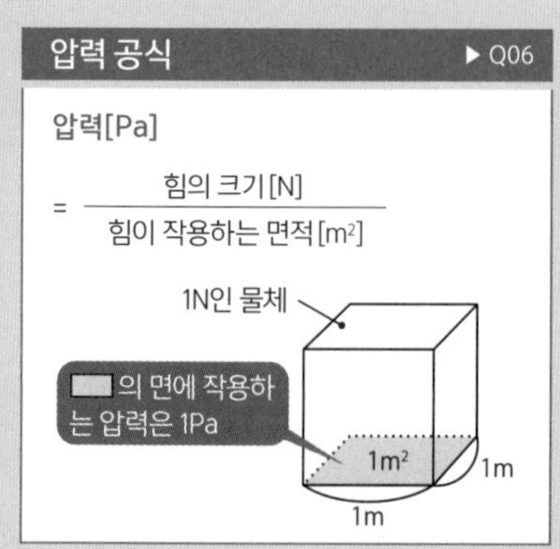

훅의 법칙

훅의 법칙 … 용수철이 늘어나는 길이는 가한 힘의 크기에 비례한다.

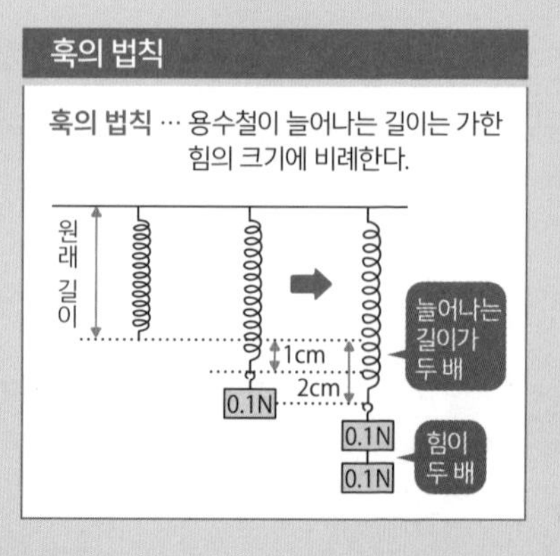

직렬 회로의 전류와 전압

▶ Q9

전류 … $I = I_1 = I_2$
전압 … $V = V_1 + V_2$

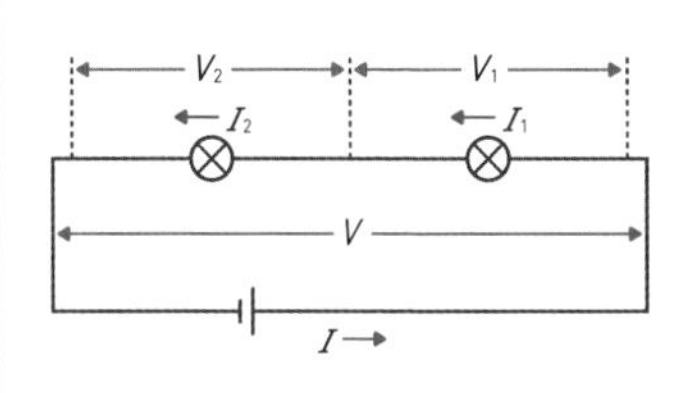

병렬 회로의 전류와 전압

▶ Q9

전류 … $I = I_1 + I_2$
전압 … $V = V_1 = V_2$

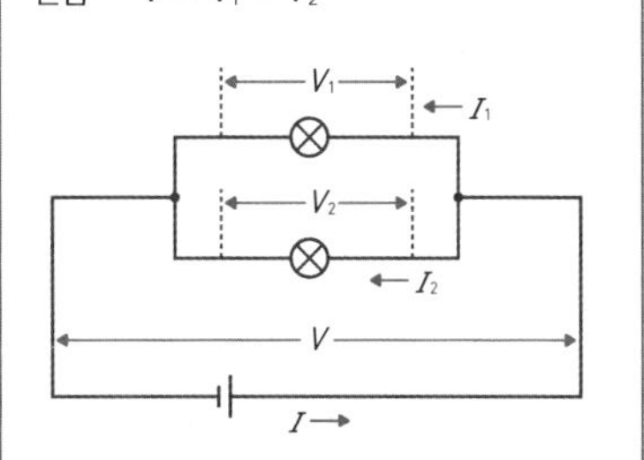

직렬, 병렬 회로의 저항

▶ Q11

직렬 회로 … $R = R_1 + R_2$

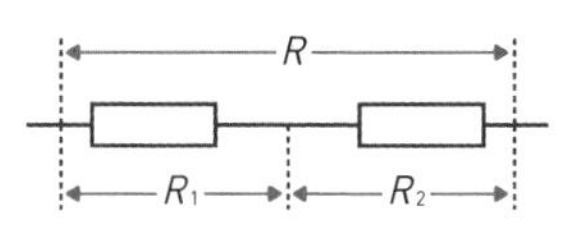

병렬 회로 … $\frac{1}{R} = \frac{1}{R_1} + \frac{1}{R_2}$

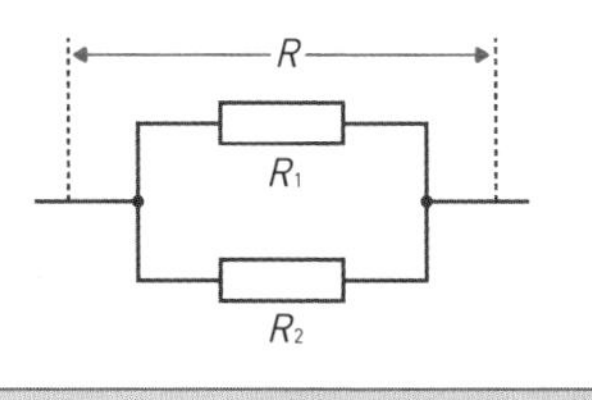

옴의 법칙

▶ Q11

전압[V] = 저항[Ω] × 전류[A]

$V = RI,\ I = \frac{V}{R},\ R = \frac{V}{I}$

전압(V)이 크면 전류(I)도 크고, 저항(R)이 크면 전류(I)는 작아진답니다!

전력, 전력량을 구하는 식

▶ Q12

전력[W] = 전압[V] × 전류[A]

전력량[J]= 전력[W] × 시간[s]

전류와 자기장과 힘의 관계

▶ Q14, 15

오른나사의 법칙

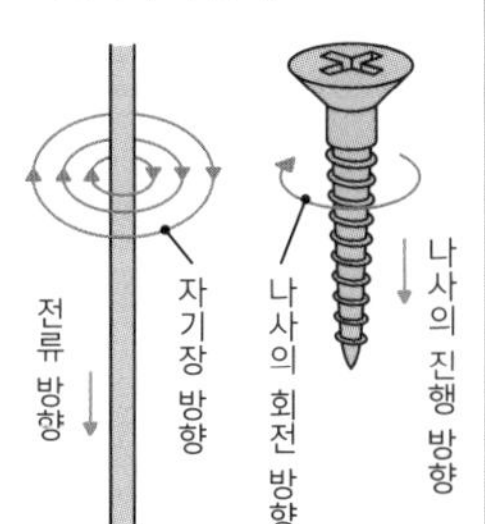

코일 주위의 자기장

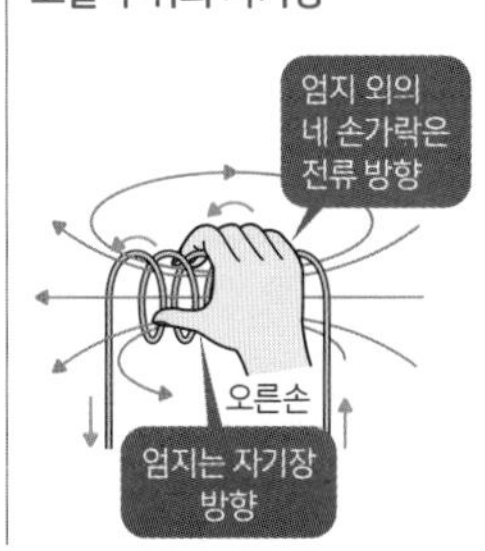

플레밍의 왼손 법칙

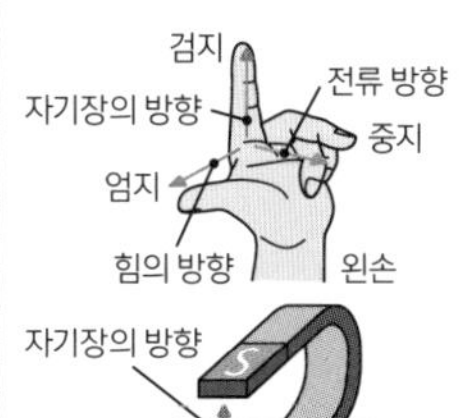

두 힘이 균형을 이루는 조건

▶ Q17

① 두 힘의 크기가 같다.
② 두 힘의 방향은 반대이다.
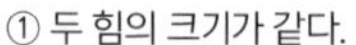
③ 두 힘이 동일 직선 위에 있다.

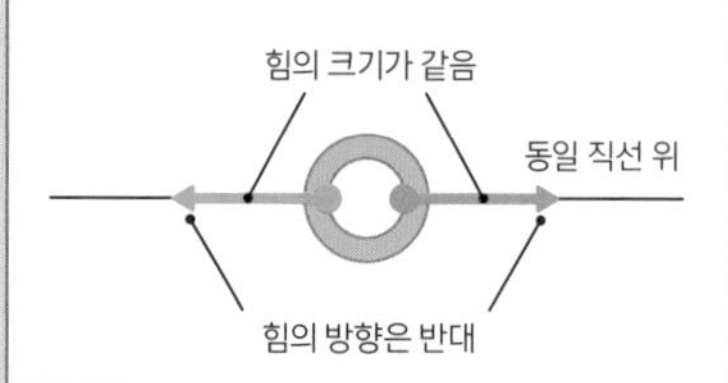

힘의 평형과 작용·반작용

▶ Q20

힘의 평형
(같은 물체에 작용한다)

작용·반작용
(다른 물체에 작용한다)

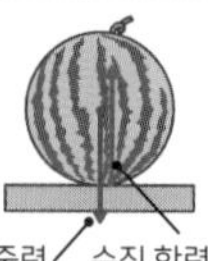

힘의 합성과 분해

▶ Q17, 18

힘의 합성

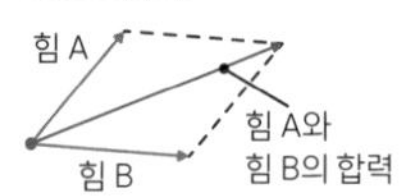

두 개의 힘은 같은 작용을 하는 하나의 힘으로 합성된다.

힘의 분해

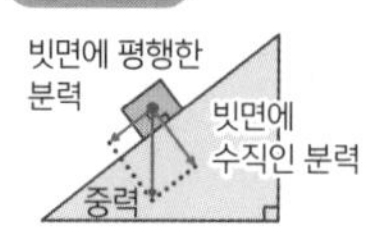

하나의 힘은 같은 작용을 하는 두 개의 힘으로 분해된다.

속도를 구하는 식

속도[m/s]

$$= \frac{\text{이동 거리[m]}}{\text{이동에 걸린 시간[s]}}$$

관성의 법칙

▶ Q19

물체에 힘이 작용하지 않거나 힘이 평형을 이룰 때, 정지한 물체는 계속해서 정지해 있으려 하고, 운동하던 물체는 그 속도로 등속 직선 운동을 계속하려고 한다.

일과 일률

▶ Q21, 22

일[J]
= 힘의 크기[N] × 힘의 방향으로 움직인 거리[m]

일률[W]

$$= \frac{\text{한 일의 양[J]}}{\text{걸린 시간[s]}}$$

역학적 에너지

▶ Q23

운동 에너지 … 움직이는 물체가 가지는 에너지.

위치 에너지 … 높은 곳에 있는 물체가 가지는 에너지.

역학적 에너지 … 위치 에너지와 운동 에너지의 합. 역학적 에너지는 보존된다.

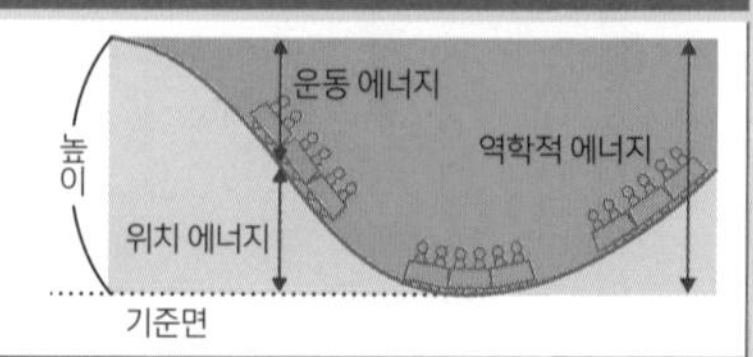

【빛과 파동】

Q. 01

난이도 ★ 중요도 ★★

수면에 **풍경이 선명하게** 비치는 이유는?

빛은 직진하는 성질이 있지요. 산에서 출발한 빛은 호수 면에 닿은 후 어디로 갈까요?

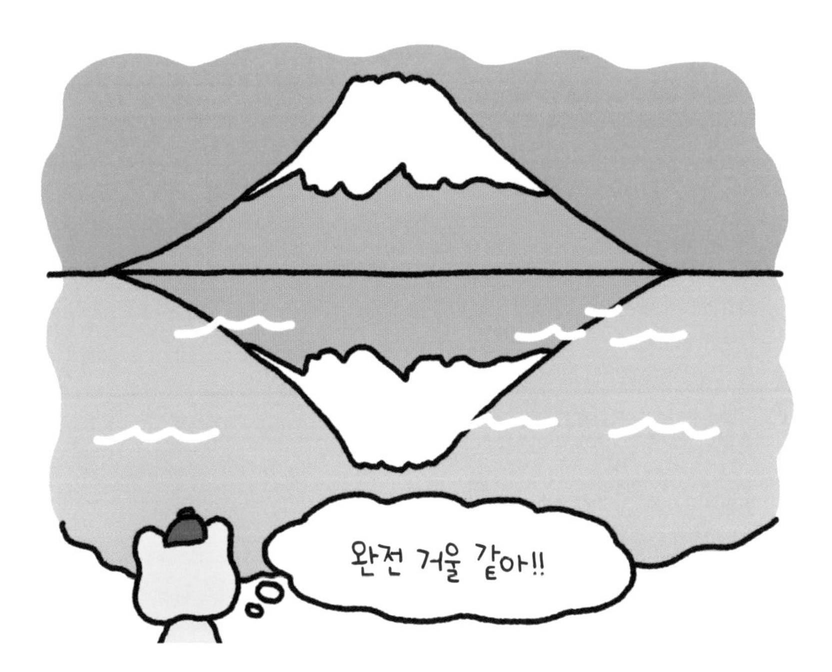

A. [수면에 풍경이 선명하게 비치는 이유]

수면이 거울의 역할을 해서 풍경에서 오는 빛이 수면에 반사되어 눈으로 들어오기 때문입니다.

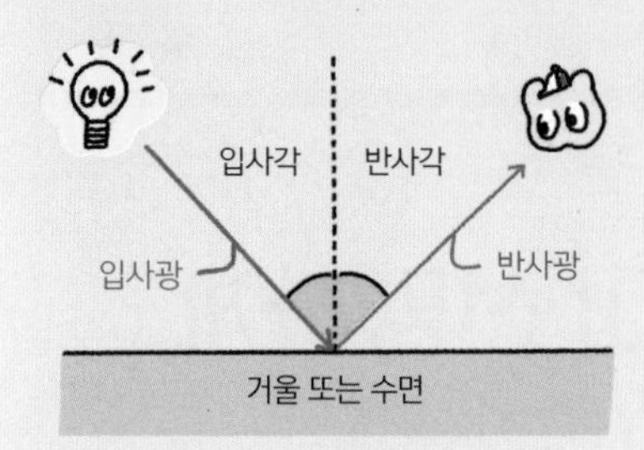

빛이 거울이나 수면에서 반사될 때는 입사각과 반사각이 같습니다.

나무 꼭대기에서 출발한 빛이 보는 사람 바로 앞의 수면에 반사되므로 나무가 거꾸로 비쳐 보입니다.

- 빛은 직진하고, 거울이나 수면에서 반사됩니다.
- 입사각과 반사각은 같습니다.

함께 알아 둬요! [거울의 반사]

거울에 전신을 비춰 보고 싶은데, 제 키만큼 큰 거울이 없어요.

머리부터 발끝까지 비추는 데 그렇게 큰 거울은 필요 없단다.

네? 왜 그렇죠?

빛이 진행하는 길을 생각해 보렴. 발끝에서 출발한 빛과 머리끝에서 출발한 빛은 어떤 경로를 그리며 우리 눈에 도착할까?

음… 일단 거울의 어딘가에서 반사되겠죠?

그림을 봐. 거울 표면에서 빛이 반사될 때의 입사각과 반사각은 같아. 그러니까 전신은 눈에서 발끝 사이의 중간 지점 높이부터 눈에서 머리끝 사이의 중간 지점 높이까지의 거울 면에서 반사된단다.

그렇군요. 그러면 키의 절반 정도 되는 높이면 충분하겠네요.

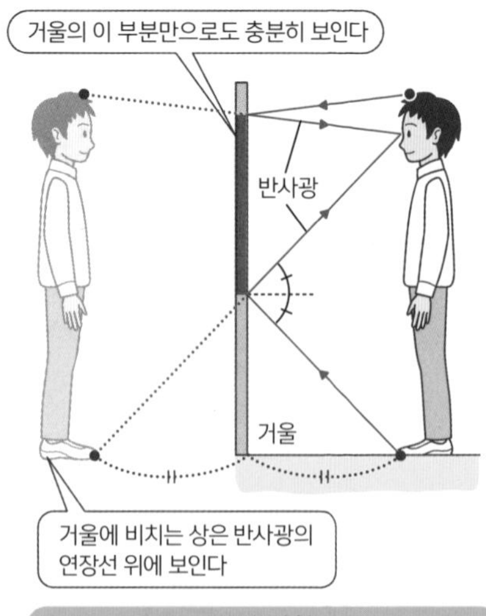

반사 법칙
입사각 = 반사각

【빛과 파동】

난이도 ★　　중요도 ★★

물에 들어간 빨대가 **휘어 보이는 이유**는?

힌트

빛은 수면에서 굴절하지요.
빨대에서 나온 빛의 진행 방향을 생각해 보세요!

A. [물에 넣은 빨대가 휘어 보이는 이유]
수면에서 굴절된 빛의 연장선 위에 빨대의 상이 보이기 때문입니다.

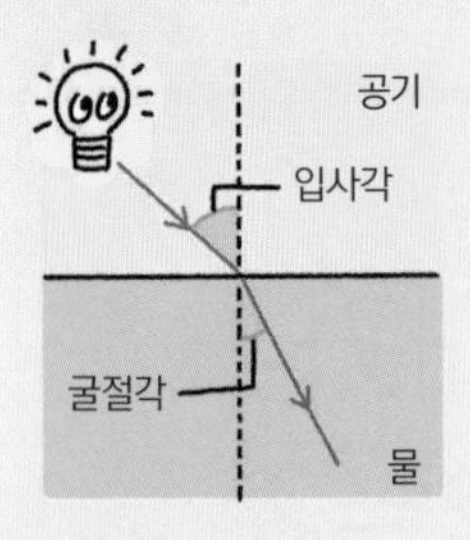

빛이 공기에서 물이나 유리로 진행할 때

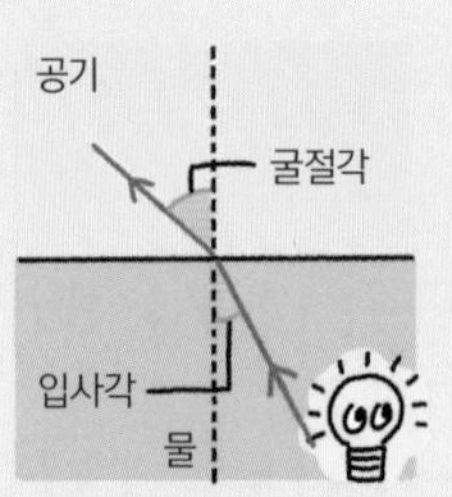

빛이 물이나 유리에서 공기로 진행할 때

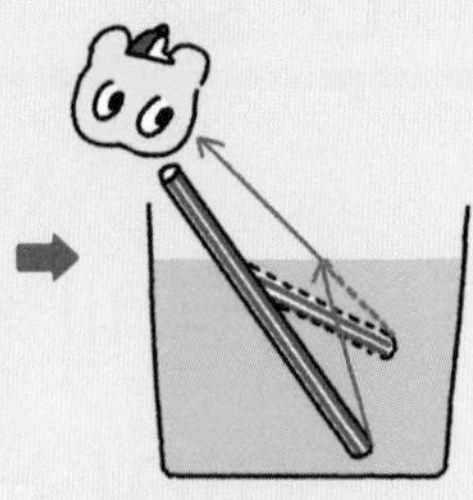
물속의 빨대에서 나온 빛은 수면에서 굴절하여 눈에 도달합니다.

- 빛은 굴절합니다.
- 눈에 도달한 굴절한 빛(굴절광)의 연장선에 사물이 보입니다.

함께 알아 둬요! [전반사]

와! 수조 안의 금붕어가 두 마리로 늘어났어요!

그건 **전반사** 때문이야.

전반사가 뭐예요? 일반적인 반사와 어떻게 다른가요?

물에서 공기 중으로 나가는 빛의 입사각이 특정 각도보다 커지면 굴절각이 90°보다 커져서, 빛이 수면에서 전부 반사된단다. 전반사는 그렇게 해서 공기 중으로 나가는 빛이 없어지는 현상이야.

그러면 어떻게 되는데요?

물속에서 나온 빛이 수면에서 전부 반사되니까 수조 밑에서 올려다보면 수면이 거울과 같아져 물속 풍경이 비쳐 보이지. 그래서 금붕어가 두 마리로 보이는 거야.

늘어난 금붕어는 전반사되어 보이는 것이군요!

빛의 굴절 정리

- 빛이 공기에서 물(유리)로 진행할 때
  → 입사각 > 굴절각
- 빛이 물(유리)에서 공기로 진행할 때
  → 입사각 < 굴절각

금붕어의 수조를 밑에서 쳐다볼 때

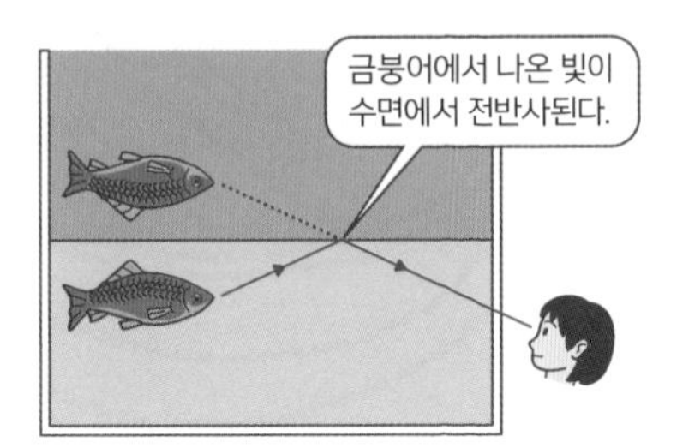

【빛과 파동】

Q. 03

난이도 ★　　중요도 ★★

돋보기를 떨어져서 보면 멀리 있는 것이 **거꾸로 보이는 이유**는?

빛은 볼록 렌즈에서 굴절하지요.
물체에서 나온 빛이 진행하는 방향을 생각해 보세요!

A. [돋보기를 볼 때 멀리 있는 물체가 거꾸로 보이는 이유]
물체에서 나온 빛이 돋보기의 볼록 렌즈를 통과해 물체와는 상하좌우가 반대인 쪽으로 모여 상을 만들기 때문입니다.

돋보기의 볼록 렌즈 중심을 통과하는 빛은 그대로 진행합니다. 반면, 볼록 렌즈의 축에 평행하게 진행한 빛은 볼록 렌즈에서 굴절하여 반대편 초점을 지납니다. 물체가 초점보다 바깥쪽에 있을 때 이 두 개의 빛이 교차하는 지점에 실상이 생깁니다. 우리는 그 상을 보는 것이지요.

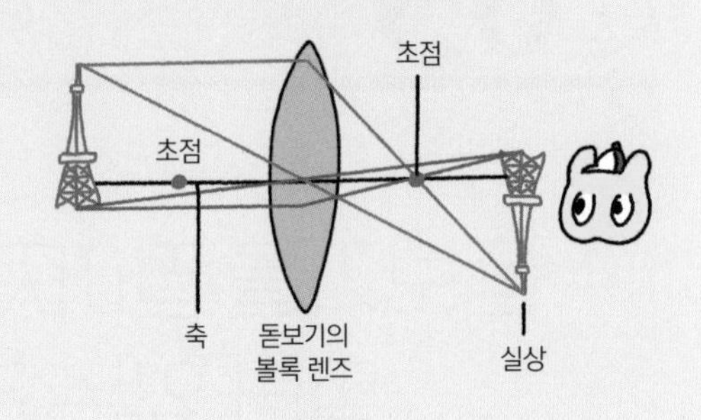

- 볼록 렌즈의 초점 바깥쪽에 있는 물체에서 나온 빛은 볼록 렌즈를 통과하면 상하좌우가 반대인 실상을 만듭니다.

함께 알아 둬요! [허상]

돋보기는 작은 것을 확대해서 크게 볼 수 있잖아요, 이유가 뭔가요?

허상이 생기기 때문이야.

허상이 뭔데요?

물체가 초점 안쪽에 있을 때는 실상이 생기지 않아. 하지만 그때 볼록 렌즈의 반대쪽에서 보면 같은 방향에 확대된 물체가 보이지. 그것이 바로 **허상**이야.

그런데 왜 허상이라고 말해요?

실상은 실제로 빛이 모여서 생기는 상이지만, 허상은 실제로는 빛이 모이지 않기 때문이야. '허(虛)'는 '실(實)'의 반대의 뜻이지. 거울이나 현미경에서 보는 상도 허상이란다.

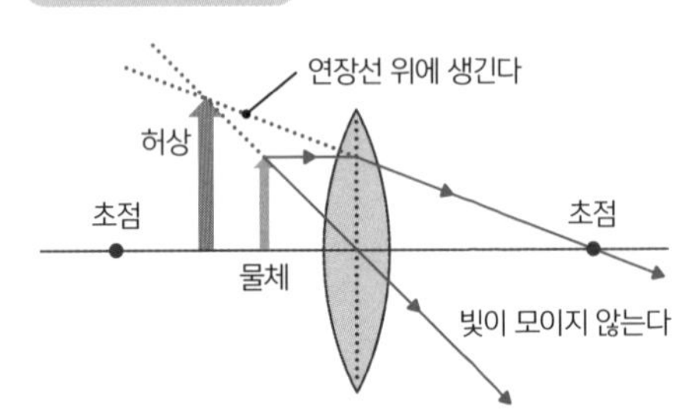

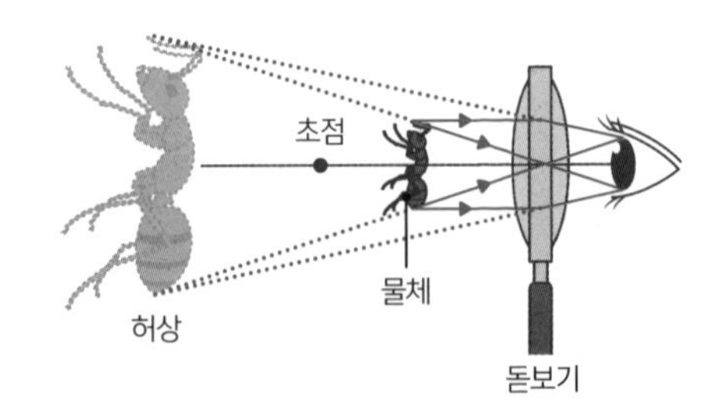

【빛과 파동】

Q.04

난이도 ★ 중요도 ★

번개가 먼저 번쩍이고 천둥소리는 나중에 들리는 이유는?

사실 천둥이 칠 때 빛과 소리는 동시에 발생합니다.
전달되는 속도가 핵심이죠.

[천둥소리가 늦게 들리는 이유]
빛보다 소리의 속도가 느리기 때문입니다.

소리의 속도는 초속 340m입니다. 반면 빛의 속도는 초속 30만km입니다. 속도의 차이가 도달할 때까지의 시간 차이가 되기 때문에 천둥이 치는 곳에서 거리가 멀수록 소리가 늦게 들리지요.

속도 비교

인간 (2m/s)

비행기 (220m/s)

소리 (340m/s)

빛 (30만km/s)

- 소리는 공기 중에서 초속 340m로 전달됩니다.
- 소리는 공기의 진동이 파동이 되어 전달됩니다. 고체나 액체 속에서도 전달되죠.

함께 알아 둬요! [소리의 대소고저]

북을 있는 힘껏 두드리면 큰 소리가 나서 기분이 좋아요.

강하게 두드리면 북의 표면이 크게 진동하기 때문에 큰 소리가 나는 거야.

소리의 크기는 진동과 상관이 있군요.

맞아. 현악기나 북을 강하게 튕기고 두드리면 현이나 북의 가죽이 진동하는 **진폭**이 커지지. 진폭이 크면 큰 소리가 난단다.

소리의 높낮이는 어떻게 정해지나요?

1초간 진동하는 횟수(**진동수**)로 결정돼. 현을 짧게 또는 가늘게 만들거나, 강하게 당기면 현의 **진동수**가 많아져 높은 소리가 나지.

현을 튕기는 방법 | 오실로스코프의 파동 모양

큰 소리 — 큰 진폭

작은 소리 — 작은 진폭

낮은 소리 — 진동수 적음

높은 소리 — 진동수 많음

【여러 가지 힘】

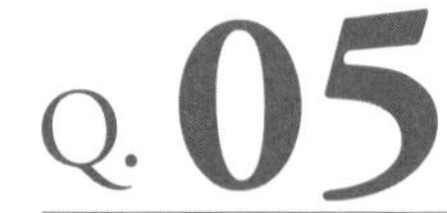

Q. 05

난이도 ★ 중요도 ★

무게와 질량은 어떻게 다른가요?

질량의 단위는 g(그램) 또는 kg(킬로그램)인데, 무게의 단위는 뭘까요?

A. [무게와 질량의 차이]
무게는 지구가 물체를 끌어당기는 힘의 크기입니다. 질량은 물체를 이루는 물질의 양이지요.

지구의 중심을 향해 모든 물체를 끌어당기는 힘이 중력(무게)입니다. 가정용 저울이나 용수철 저울로 측정할 수 있지요.
반면, 질량은 윗접시 저울로 측정하며 g 또는 kg으로 표기합니다. 질량은 달이든 화성이든 어디서 측정해도 변하지 않아요.
지구상에서 질량이 100g 정도인 물체에 작용하는 중력의 크기를 1N이라고 나타냅니다.

- 지구상의 모든 물체에는 중력이 작용합니다.
- 중력은 N(뉴턴)으로 표기합니다.

함께 알아 둬요! [달에서의 중력과 질량]

 달에서는 우주비행사가 뛰는 것처럼 걷던데요?

 그렇지. 달에서는 몸이 가벼워지기 때문이야.

 네? 혹시 살이 빠지는 건가요?

아니, 몸의 무게가 가벼워질 뿐이지 살이 빠지는 게 아니야. 체중계로 재면 체중 60kg(600N)인 사람은 약 10kg(100N)이 된단다. 달의 중력이 지구의 **약 $\frac{1}{6}$**이기 때문이지.

 그럼 질량은요?

질량은 어디서 측정하더라도 바뀌지 않아. 질량 60kg인 사람은 60kg 그대로겠지.

달에서의 중력(무게)

달에서의 질량

【여러 가지 힘】

Q. 06

난이도 ★★ 중요도 ★★

스키를 신으면 발이 **눈에 빠지지 않는** 이유는?

힌트

체중보다도 힘이 가해지는 눈의 면적이 중요해요!

A. [스키를 신으면 발이 눈에 빠지지 않는 이유]

스키를 신으면 눈과 접촉하는 면적이 넓어집니다. 그러면 눈을 누르는 힘이 분산되어 압력이 낮아지니 발이 눈에 빠지지 않는 것이죠.

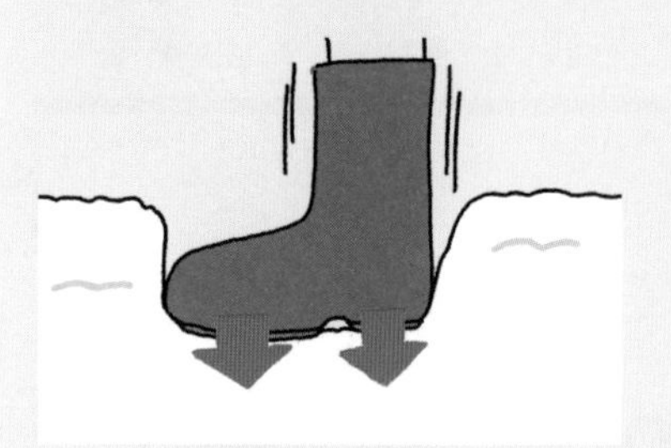

장화 바닥에 체중이 실리므로 좁은 면적에 큰 힘이 가해집니다.

넓은 스키의 판 전체에 체중이 실려서 힘이 분산됩니다.

- 일정 면적($1m^2$ 또는 $1cm^2$)을 수직으로 미는 힘을 압력이라고 합니다.
- 압력 [Pa, N/m^2] = $\dfrac{\text{면에 작용하는 힘}[N]}{\text{힘이 작용하는 면적}[m^2]}$

함께 알아 둬요! [압력의 크기]

오른쪽 그림을 봐. 벽돌 놓는 방법을 바꾸면 아래에 깔린 스펀지가 받는 압력은 어떻게 될 거 같니?

벽돌 하나의 무게는 같으니까 똑같지 않을까요?

압력의 식을 보자. 힘이 작용하는 바닥의 면적이 작아질수록 압력은 커져. 그러니 벽돌을 어떻게 놓는지에 따라 압력이 완전히 달라지지.

그렇군요. 그래서 연필같이 뾰족한 것에 찔리면 아픈 거군요!

맞아. 좁은 면적에 힘이 집중되어 압력이 커지기 때문이지. 예를 들어 가방끈의 폭이 넓으면 가방을 오래 메도 어깨가 아프지 않잖아. 힘이 분산되어 압력이 낮아지기 때문이란다.

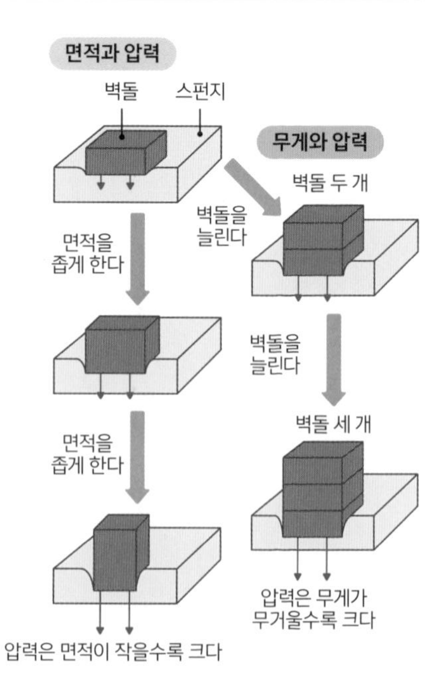

【여러 가지 힘】

Q. 07

난이도 ★ 중요도 ★

높은 산에 오르면 왜 과자 봉지가 부풀어 오르나요?

과자 봉지는 밀봉되어 있어요.
그러니 봉지 안의 공기량은 변화하지 않겠지요.

A.

[높은 산에서 과자 봉지가 부풀어 오르는 이유]
산 정상에서는 대기압이 낮아져, 봉지 안쪽의 기압이 더 높아지기 때문입니다.

산 정상은 산 아래에서보다 공기의 양이 적습니다. 그러니 대기압이 산 아래보다 낮지요.
하지만 봉지 안의 기체 압력은 변하지 않습니다. 산 정상에서는 봉지를 안에서 미는 힘이 밖에서 봉지를 누르는 힘(대기압)보다 커지면서 봉지가 부푼답니다.

- 대기압은 공기의 무게 때문에 생깁니다.
- 대기압은 물체에 모든 방향에서 작용합니다.

함께 알아 둬요! [대기압과 수압]

공기에도 압력이 있네요.

지표 위에 있는 공기의 양이 엄청 많으니 그 무게로 인해 압력이 생기는 거야.

위에 있는 공기의 무게군요. 압력이 작용하는 또 다른 곳이 있나요?

물속에서도 작용한단다.

그러네요. 깊이 들어갈수록 위쪽에 물이 많아지니까요.

맞아. 이를 **수압**이라고 해. 위에 있는 물의 무게 때문에 생기는 압력이지.

작용 방향이나 크기는 대기압과 비슷할까요?

수압도 대기압과 마찬가지로 모든 방향에서 작용한단다. 수압의 크기도 수심이 깊을수록 커지지.

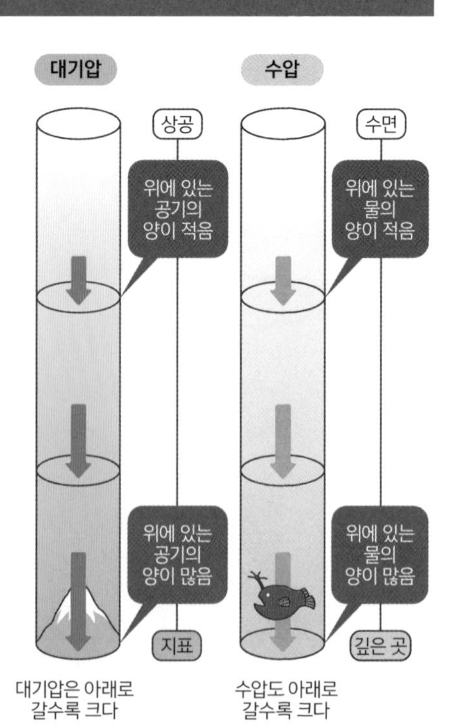

대기압은 아래로 갈수록 크다

수압도 아래로 갈수록 크다

【여러 가지 힘】

Q. 08

난이도 ★★　　중요도 ★★

바다나 수영장에서 **몸이 떠오르는 이유**는?

물에 가라앉는 것은 체중 때문일까요?
몸에 작용하는 힘을 생각해 보세요!

[바다나 수영장에서 몸이 떠오르는 이유]

몸의 무게보다 큰 부력이 작용하기 때문입니다.

중력보다 부력이 크면
몸이 떠오릅니다.

중력보다 부력이 작으면
몸이 가라앉습니다.

물속에 있는 물체의 부피가
클수록 큰 부력이 작용합니다.

- 부력은 물속의 물체에 위쪽으로 작용합니다.
- 물체의 부피가 클수록 부력이 커집니다. 무게는 상관없어요.

함께 알아 둬요! [부력이 생기는 이유]

 부력은 왜 생기죠?

 수압은 물이 깊은 곳일수록 크잖아.
이 때문에 물체의 윗면과 아랫면에 작용하는 수압의 크기에는 차이가 있단다. 아랫면에 작용하는 수압이 윗면보다 크기 때문에 물체를 위쪽으로 미는 힘이 생기는 거야.

 옆으로 작용하는 수압은요?

 깊이가 같은 곳의 수압은 같으므로 좌우의 수압은 서로 영향을 받아 효과가 없어지지.

 부피가 클수록 부력이 커지는 이유가 뭔가요?

 좀 어려운 이야기일 수도 있겠는데, 물속의 물체에 작용하는 부력의 크기는 그 물체가 밀어내는 물의 무게와 같기 때문이란다.

물속의 물체에 작용하는 수압

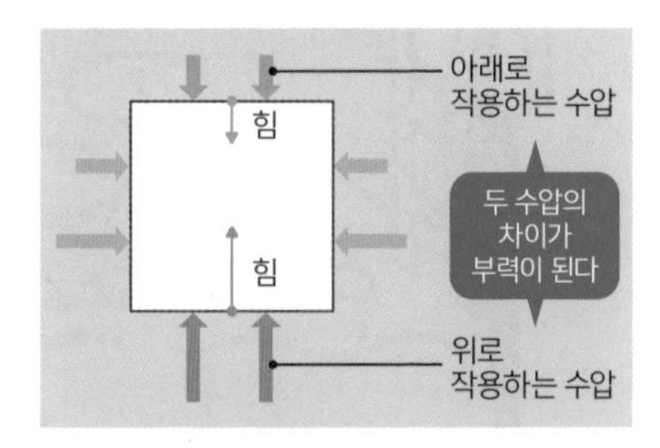

좌우 수압의 방향은 반대이며 크기는 같다

부력의 크기를 구하는 식
공기 중에서 물체의 무게 − 물속에서 물체의 무게 = 부력

【전기와 자기】

Q. 09

난이도 ★ 중요도 ★★

전류와 전압은 어떻게 다른가요?

실험을 할 때 자주 쓰는 꼬마전구를 밝히기 위해서는 건전지가 필요해요. 이 건전지가 하는 역할이 바로 전압이라고 할 수 있어요.

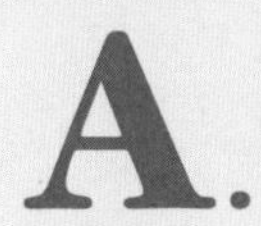

[전류와 전압의 차이]

전류는 전하의 흐름, 전압은 전류를 흐르게 하는 힘이라고 할 수 있어요.

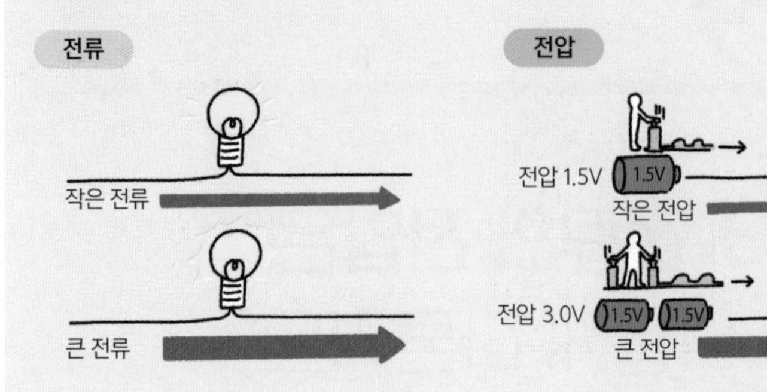

큰 전류가 흐르면 꼬마전구가 더 밝게 빛나요.

큰 전압이 가해지면 큰 전류가 흐릅니다.

- 가해지는 전압이 커지면 흐르는 전류도 커집니다.
- 전류의 세기는 A(암페어), 전압의 크기는 V(볼트)로 나타냅니다.

함께 알아 둬요! [회로를 흐르는 전류와 전압의 관계]

오른쪽 회로도의 X 기호는 뭔가요?

꼬마전구를 표시한 기호야. I는 전류, V는 전압을 나타내지. 직렬 회로와 병렬 회로에 전류가 흐르는 방식의 차이가 보이니?

직렬 회로에서는 어디서나 같은 크기의 전류가 흐르고, 병렬 회로에서는 전류가 나뉘어 흐르네요.

그렇지. 전압은 어떨까?

직렬 회로에서 전원(건전지)의 전압은 각각의 꼬마전구에 걸리는 전압들의 합이에요. 병렬 회로에서는 각각의 꼬마전구에 걸리는 전압이 전원의 전압 크기와 같아요.

정답! 실력이 나날이 느는구나!

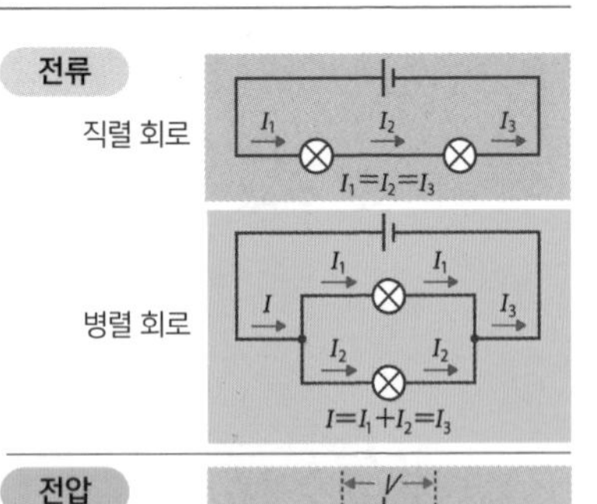

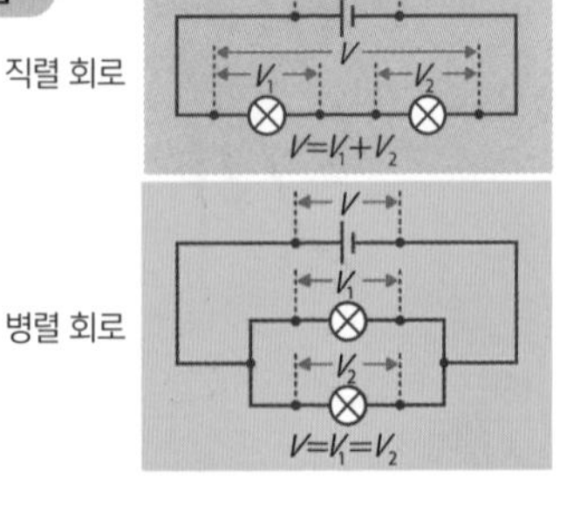

【전기와 자기】

Q. 10

난이도 ★ 중요도 ★

전류계를 **병렬**로, 전압계를 **직렬**로 연결하면 안 되는 이유는?

전류계는 전류가 흐르는 길에, 전압계는 측정하고 싶은 구간 양쪽에 연결하는데….

A. [전류계를 병렬로, 전압계를 직렬로 연결하면 안 되는 이유]
전류계에는 큰 전류가 흘러 고장이 나고,
전압계에는 전류가 거의 흐르지 않게 되기 때문입니다.

전류계

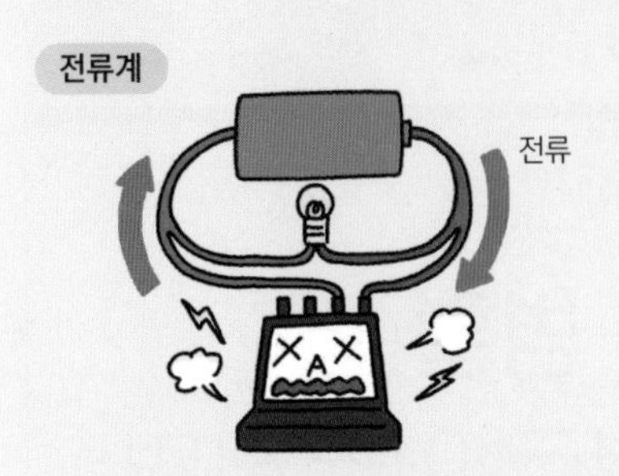

전류계를 병렬로 연결하면 전류계에 지나치게 큰 전류가 흘러서 장치가 망가질 수 있어요.

전압계

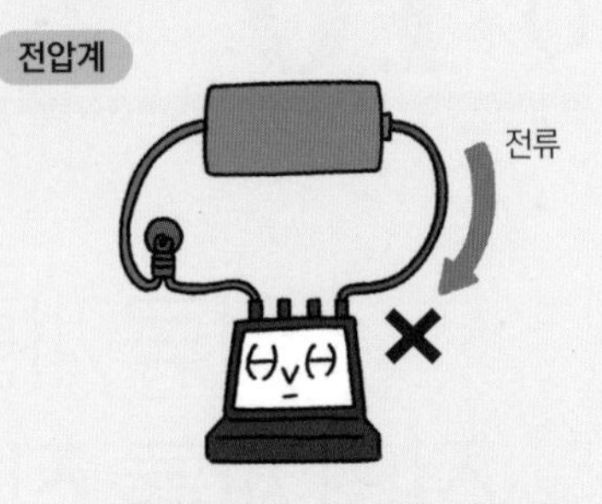

전압계를 직렬로 연결하면 전압계 내의 큰 저항 때문에 전류가 흐르기 어려워요.

- 전류계는 측정하고 싶은 곳에 직렬로 연결합니다.
- 전압계는 측정하고 싶은 곳에 병렬로 연결합니다.

함께 알아 둬요! [전류계, 전압계 사용법]

 전류계와 전압계 모두 (-)단자를 처음에는 가장 큰 값의 단자에 연결해.

 왜요?

 전류의 세기나 전압의 크기를 예상할 수 없을 때는 일단 최대까지 측정할 수 있도록 단자의 값이 가장 큰 5A나 300V의 (-)단자를 사용하는 거지. 값이 작은 단자에 연결하면 바늘이 측정 범위를 넘어가 망가질 수도 있단다.

 큰 값의 단자에 연결했는데 바늘의 움직임이 별로 없으면 어떻게 하나요?

 그럴 때는 차례로 한 단계씩 값이 작은 단자로 바꾸어 가며 연결하는 거야. 눈금은 양쪽 모두 최소 눈금의 $\frac{1}{10}$까지 읽는 걸 잊지 않도록 하자.

전류계

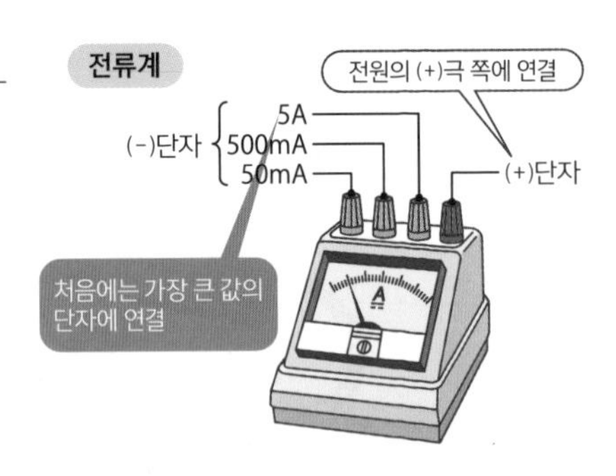

전압계

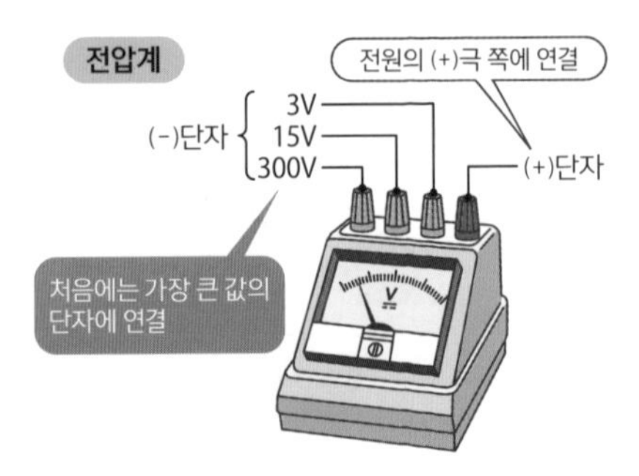

【전기와 자기】

Q. 11

난이도 ★★★ 중요도 ★★★

건전지에 꼬마전구 두 개를 연결할 때, 직렬보다 **병렬로 연결할 때**가 더 밝은 이유는?

직렬 회로는 외길입니다. 병렬 회로는 길이 중간에서 갈라지지요.
이 두 가지 방법에서 전류는 각각 어떻게 흐르나요?

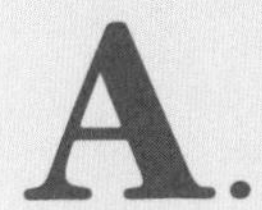

[꼬마전구가 직렬 연결보다 병렬 연결일 때 더 밝은 이유]

직렬 회로보다 병렬 회로가 꼬마전구에 전류를 더 많이 흘려보내기 때문입니다.

직렬 회로

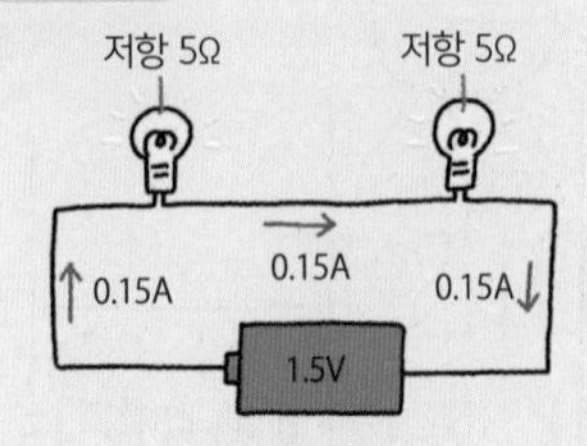

회로 전체의 저항(합성 저항)이 꼬마전구 두 개의 합(10Ω)이 되어 전류의 세기가 작아집니다.

병렬 회로

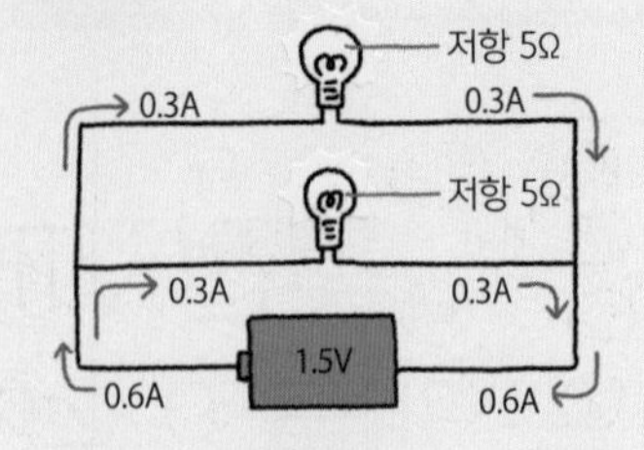

합성 저항이 직렬일 때보다 작고(2.5Ω) 전류의 세기가 큽니다.

- 저항은 전류가 흐르기 어려운 정도를 뜻해요. 저항의 크기는 옴(Ω)으로 표기하죠.
- 저항이 커질수록 흐르는 전류는 작아지고, 저항이 작아질수록 전류는 커집니다.

함께 알아 둬요! [회로의 전류, 전압, 저항과 옴의 법칙]

직렬 회로의 합성 저항은 각각의 저항을 합해서 구할 수 있죠? 병렬 회로의 합성 저항은 어떻게 구하나요?

좀 어려운 식인데 잘 들어 봐. 합성 저항을 R이라고 하면, $\frac{1}{R}=\frac{1}{R_1}+\frac{1}{R_2}$로 구할 수 있어.

노력해 볼게요.

전류, 전압, 저항의 관계를 정리해 볼까? 회로에 흐르는 전류 I는 가해지는 전압 V나 저항 R에 따라 달라져. 이 관계를 **옴의 법칙**이라고 해. 식으로 나타내면 $I=\frac{V}{R}$가 된단다. 전압이 클수록 전류가 커지고, 저항이 클수록 전류는 작아져. 이 식을 변형한 **V=RI** 등을 사용하면 각 회로의 전류, 전압, 저항의 값을 구할 수 있어.

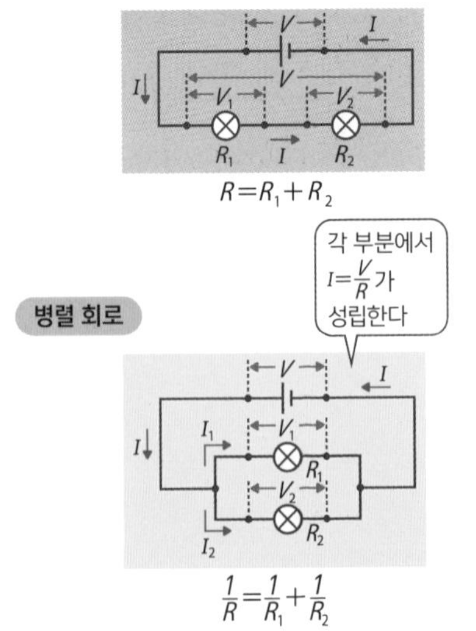

【전기와 자기】

Q. 12

난이도 ★ 중요도 ★

가전제품 여러 대를 **한꺼번에** 사용할 수 있는 이유는?

집 안의 전기 회로 구조는 어떻게 되어 있을까요?

A. [가전제품을 동시에 사용할 수 있는 이유]
가정에서는 콘센트 배선이 모두 병렬로 연결되어 있기 때문입니다.

가정의 콘센트는 모두 병렬로 연결되어 있습니다. 그래서 어느 콘센트에서나 정해진 크기의 전압이 공급됩니다. 또, 어느 가전제품 하나의 스위치를 끄더라도 다른 기구가 꺼지지 않지요. 전기 기구가 소비하는 힘의 크기는 전력(W : 와트)으로 표기합니다.

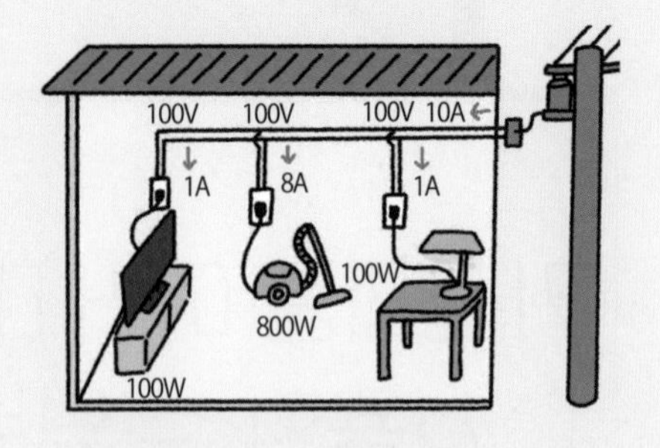

- 전기 기구에 공급되는 전기 에너지의 크기는 전력으로 표기합니다.
  전력[W] = 전압[V] × 전류[A]

함께 알아 둬요! [전력량 계산]

전기 요금 청구서가 왔어요! 여기 있는 '사용량 200kWh'라는 건 뭘 말하는 거예요?

전력량 말이구나. 가전제품 등을 사용할 때 소비한 전기 에너지의 양을 말하는 거야.

어떻게 측정하죠?

전력 회사가 집의 벽에 설치한 전기 계량기로 사용한 전력량의 합계를 측정해 사용 요금을 청구하는 거야.

어떻게 계산하나요?

전력량[J] = 전력[W] × 시간[s]이란다. 여기서 사용한 J(줄)의 단위로는 값이 너무 커지기 때문에 '와트시(Wh)'라는 단위로 바꾸어 쓸 수 있어.

1Wh = 1W × 1h = 1W × 3600s = 3600J

1000Wh = 1kWh(킬로와트시)

가전제품에서 소비되는 전력량 계산

소비전력 200W인 오븐을 70초 사용

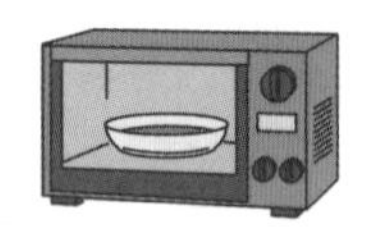

1200W×70s＝84000J

소비전력 100W인 세탁기를 40분 사용

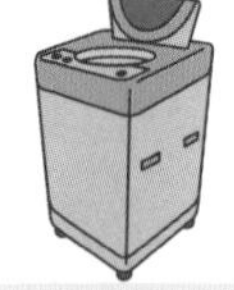

100W ×(60×40) s ＝240000J

소비전력 150W인 TV를 2시간 시청

150W×(60×60×2) s ＝1080000J ＝300Wh

오븐, TV, 세탁기를 동시에 30분 사용

(1200W＋100W＋150W) ×0.5h ＝725Wh＝2610000J

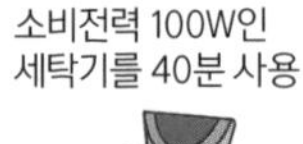
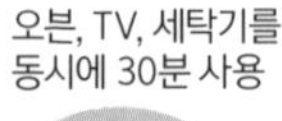

⊘한 걸음 더 전류 차단기나 퓨즈는 일정 이상의 전류가 흐르면 전류를 차단하는 역할을 해요.

【전기와 자기】

Q. 13

난이도 ★ 중요도 ★

벼락은 왜 칠까요?

벼락은 전기가 공기 중에 흐르는 일종의 방전 현상입니다.
구름 속에 전기가 생기는 이유를 생각해 보세요.

A. [벼락이 치는 이유]
구름 속에 쌓인 정전기가 방전되어 구름과 지면 사이를 흐르기 때문입니다.

1 구름 속에 있는 크고 작은 얼음 알갱이가 부딪혀 (+)와 (-)의 정전기를 띱니다.

2 구름의 아래쪽에 (-)전하가 일정량 이상 모이면 (+)전하를 띤 지상으로 방전됩니다.

- 마찰에 의해 물체에 모인 전기를 정전기라고 합니다.
- 두 개의 물체가 정전기를 일으킬 때, 한쪽은 (+) 다른 한쪽은 (-)전기를 띱니다.

함께 알아 둬요! [정전기와 전자]

겨울에 자주 찌릿하고 오는 것이 정전기 맞죠?

그렇지. 책받침으로 문지른 머리카락이 솟아오르는 것도 정전기 때문이야.

정전기는 왜 발생하나요?

두 개의 물체를 문지르면 물체 안에 (-)전하를 가진 **전자**라는 입자가 이동하기 때문이야.
전자를 방출한 물체는 (+)전기,
전자를 얻은 물체는 (-)전기를 띠지.

(+)와 (-)의 관계는 어떤가요?

(+)와 (+) 또는 (-)와 (-) 사이는 서로 밀어낸단다. 반면 (+)와 (-) 사이는 서로 끌어당기지.

벼락은 구름 밑에 (-)전하가 많이 모여서 일어난다고 하셨죠?

맞아. 벼락은 정전기가 전류가 되어 공기 중에 흐르는 **방전**이라는 현상이야.

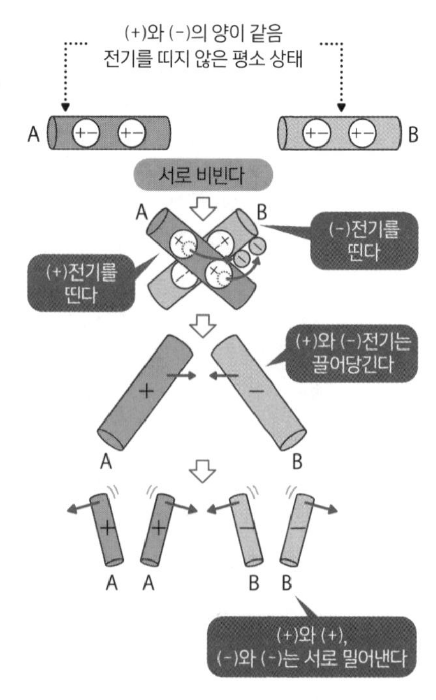

【전기와 자기】

Q. 14

난이도 ★★ 중요도 ★★

나침반은 왜 **전류가 흐르는 곳** 주변에서는 북쪽을 가리키지 않을까요?

나침반의 N극은 자기장의 방향을 가리킵니다.
자기장의 모습을 나타내는 자기력선을 생각해 보세요!

[전류가 흐르는 곳 주변에서 나침반이 북쪽을 가리키지 않는 이유]

전류가 자석처럼 자기장을 만드는데, 나침반이 이 자기장의 영향을 받기 때문입니다.

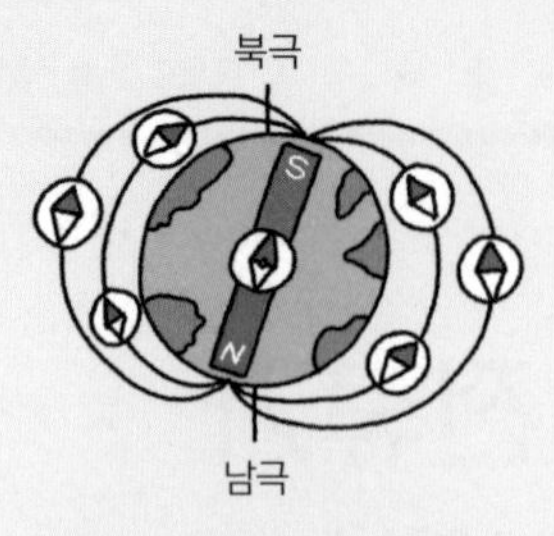

나침반의 N극은 항상 지구의 북쪽을 가리킵니다.

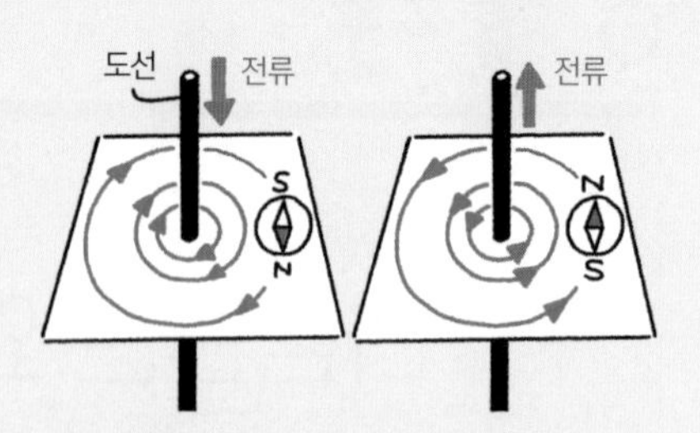

도선에 전류를 흐르게 하면 도선 주위에 동심원 모양으로 자기장이 생깁니다.

- 도선에 흐르는 전류가 만드는 자기장의 방향은 전류의 방향으로 정해집니다.
- 자기장의 강도는 전류가 클수록, 도선에 가까울수록 강합니다.

함께 알아 둬요! [코일 주위의 자기장]

코일이 뭐죠?

도선을 둘둘 감아 놓은 거야.

코일에 전류가 흐르면 어떻게 되나요?

코일 끝에서 들어가 다른 쪽 끝으로 나오는, 막대자석과 비슷한 자기장이 생긴단다. 코일 속에 철심을 넣으면 자기장이 강해져 전자석이 되지.

코일에 생기는 자기장의 방향은 고정되어 있나요?

그건 아니야. 전류를 보내는 방향을 바꾸면 자기장의 방향도 반대가 되지.

자기장의 방향은 어떻게 알 수 있나요?

도선일 경우에는 오른나사의 진행 방향, 코일일 때는 오른손의 네 손가락을 코일의 전류 방향에 맞춰서 대 보면 알 수 있단다.

코일에 전류가 흐를 때의 자기장

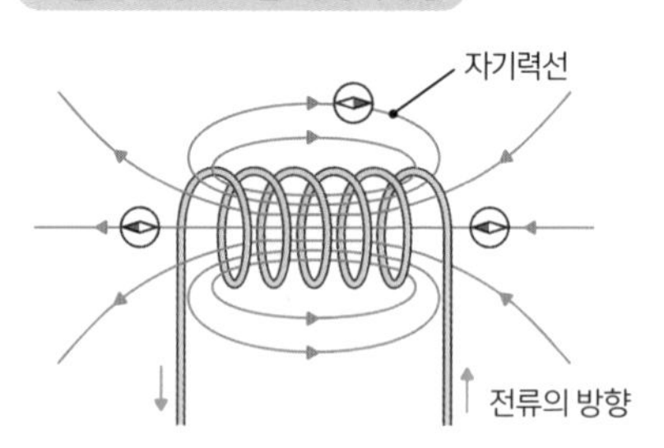

자기장의 방향을 찾는 방법

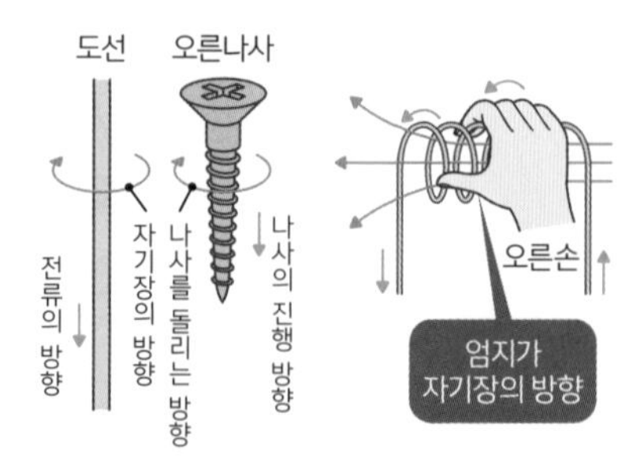

【전기와 자기】

Q. 15

난이도 ★★★ 중요도 ★★★

자기장 안에 있는 도선에 전류가 흐르면 도선이 움직이는 이유는?

힌트

도선이 자석에 끌려오기 때문이 아니랍니다.
전류가 만드는 자기장의 방향을 생각해 보세요!

[자기장 안에 있는 도선이 움직이는 이유]
자기장 내에 흐르는 전류에는 힘이 작용하기 때문입니다.

전류가 흐르는 도선 주위에는 자기장이 전류 방향에 대하여 시계 방향으로 생깁니다. 한편, 자석의 자기장은 N극에서 S극으로 향합니다. 오른쪽 그림처럼 두 개의 자기장의 방향이 같은 안쪽은 자기장이 강해져요. 바깥쪽은 두 개 자기장의 방향이 서로 역방향이기 때문에 자기장이 약해집니다. 자기장이 강한 쪽에서 약한 쪽으로 힘이 작용하여 도선이 바깥쪽으로 움직입니다.

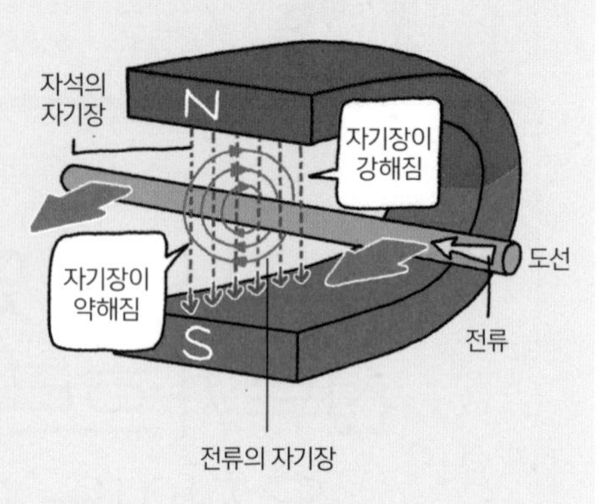

- 자기장 속에 흐르는 전류는 자기장으로부터 힘을 받습니다.
- 자기장과 전류, 힘의 방향은 서로 각각 수직이 됩니다.

함께 알아 둬요! [자기장, 전류, 힘의 방향]

 힘의 방향은 어떻게 되는지 궁금해요.

 자기장의 방향이나 전류의 방향 중 하나를 반대로 바꾸면 힘도 반대 방향이 된단다.

 둘 다 반대로 하면요?

자기장과 전류의 방향을 동시에 반대로 하면 힘의 방향은 원래대로 유지돼.

 힘의 크기는 바뀌나요?

 자력이 강한 자석으로 바뀌어 자기장을 강하게 하거나, 흐르는 전류의 세기를 크게 하면 힘도 커진단다.

 그렇군요!

⊘한 걸음 더 전동기는 전류가 자기장으로부터 받는 힘을 이용하여 코일을 회전시킵니다.

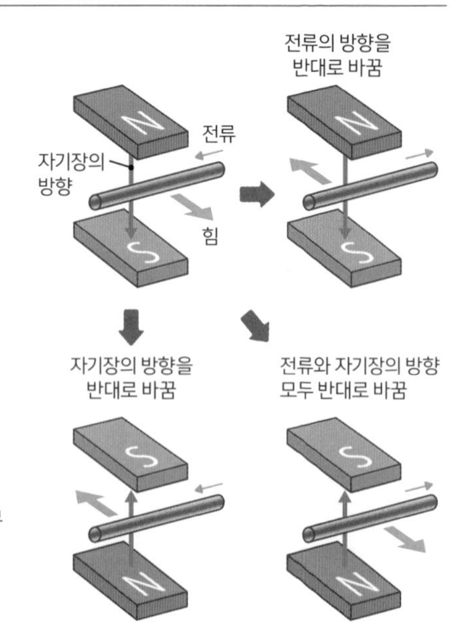

Q. 16

난이도 ★★　　중요도 ★★★

자석과 코일에서 전기가 생기는 이유는?

이것이 발전기의 원리랍니다.
자석으로 인한 자기장의 변화를 생각해 보세요!

[자석과 코일에서 전기가 만들어지는 이유]
자석을 움직여 코일 속의 자기장을 변화시키면 전류가 발생하기 때문입니다.

자석을 코일에 갖다 대거나 멀리하면 코일 속의 자기력선이 늘어나거나 줄어들면서 자기장의 강도가 변합니다. 이때 자기장의 변화 정도에 따라 코일에 전압이 생겨 전류(유도 전류)가 흐르게 됩니다.
유도 전류는 코일에 생기는 자기장의 변화를 방해하는 방향으로 흐릅니다.

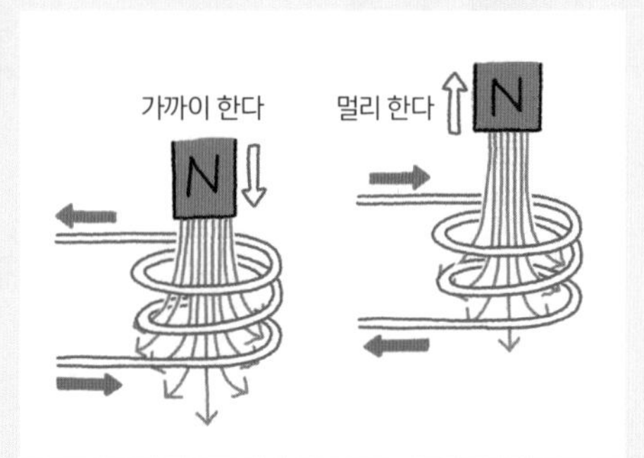

- 코일 속의 자기장이 변화하면 전류가 흐르는 현상을 전자기 유도라고 합니다. 이때 흐르는 전류를 유도 전류라고 합니다.

함께 알아 둬요! [유도 전류의 방향과 크기]

 유도 전류의 방향과 자석의 관계는 어떻게 되나요?

 자석이 가까워질 때와 멀어질 때 유도 전류의 방향은 서로 반대가 되지. 또, 자석의 N극과 S극을 바꾸어도 반대 방향이 된단다.

 둘 다 바꾸면요?

 변하지 않고 원래대로 있지.

 유도 전류의 크기는 바꿀 수 있나요?

 자석을 빠르게 움직이면 자기장이 빠르게 변하여 유도 전류가 커져. 또 자석의 자력이 강할수록, 코일을 많이 감을수록 유도 전류가 커진단다.

 그렇군요!

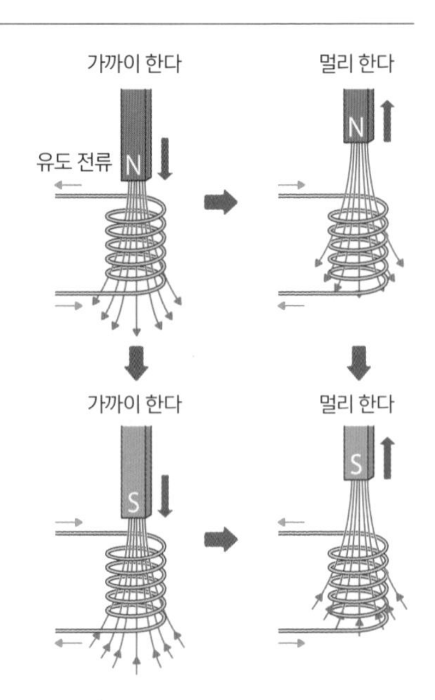

⊙한 걸음 더 발전소에서는 코일 내부에 자석을 회전시켜서 전류를 연속적으로 만들어 냅니다.

【힘과 운동】

Q. 17

난이도 ★ 중요도 ★

물체가 **움직이지 않을 때,** 물체에는 아무런 **힘**도 작용하지 않는 걸까요?

물체를 밀거나 당겨도 움직이지 않을 때가 있어요. 이때는 어떨까요?

A. [물체가 움직이지 않을 때 힘은 작용하지 않을까?]

힘이 작용합니다. 두 개의 힘이 서로 반대 방향으로 작용하여 평형을 이루는 상태이지요.

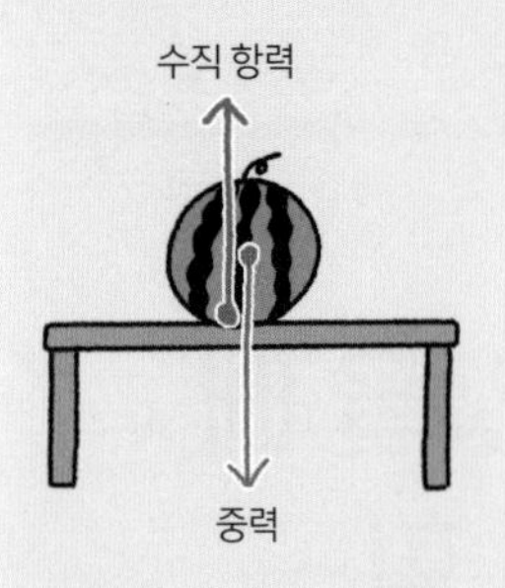

중력과 책상이 떠받쳐 생긴 수직 항력이 평형을 이뤄요.

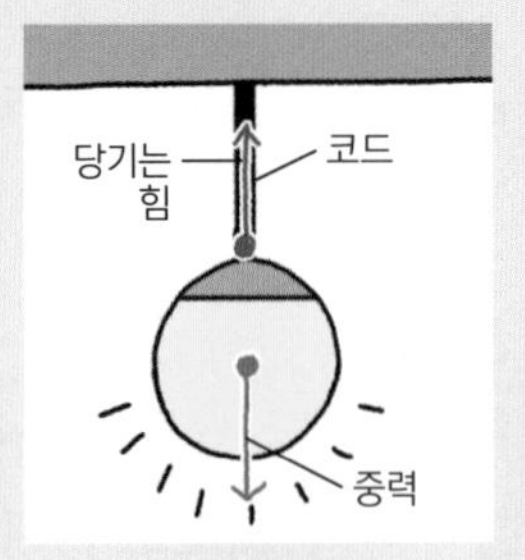

중력과 코드가 당기는 힘이 평형을 이룹니다.

끈으로 당기는 힘과 지면의 마찰력이 평형을 이룹니다.

• 평형을 이루는 두 힘의 크기는 같고, 방향은 반대이며 일직선 위에 있습니다.

함께 알아 둬요! [세 가지 힘의 평형]

세 개의 힘이 평형을 이루는 경우는 어떨까?

네? 힘이 세 개나 작용한다고요?

큰 통나무를 A와 B가 함께 들어 올린다고 생각해 봐. 통나무에 작용하는 중력, 통나무를 드는 A의 힘, 통나무를 드는 B의 힘, 이렇게 세 개의 힘이 작용하겠지.

두 사람의 힘은 합쳐지는 거죠?

그렇지. 합쳐진 힘을 합력이라고 해. 이 합력과 중력이 평형을 이루기 때문에 통나무를 들어 올릴 수 있는 거야.

그렇군요. 한 사람의 힘이 중력보다 작아도 되겠네요.

그래서 혼자일 때보다 쉽게 들 수 있지.

혼자 들어 올릴 때

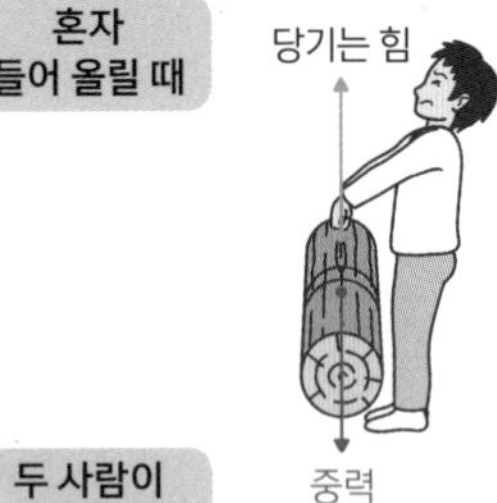

두 사람이 들어 올릴 때

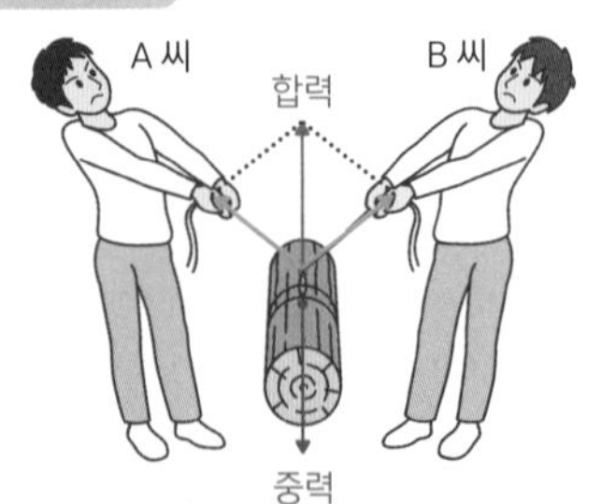

두 힘의 합력은 두 힘을 두 변으로 하는 평행사변형의 대각선

【힘과 운동】

Q. 18

난이도 ★★ 중요도 ★★★

비탈길을 내려오는 자전거가 브레이크를 밟지 않으면 **속도가 점점 빨라지는 이유는?**

자전거의 성능 문제가 아니랍니다.
힘이 작용하는 방식을 생각해 보세요!

A.

[비탈길을 내려오는 자전거의 속도가 빨라지는 이유]

중력이 빗면 방향으로 갖는 힘이 계속 작용하기 때문에 속도가 증가합니다.

중력이 빗면 방향으로 계속 작용합니다.

빗면의 기울기가 크면 빗면 방향으로 작용하는 중력의 힘이 커지고, 속도가 빠르게 증가합니다.

* 분력 : 한 힘이 갖고 있는 특정한 방향으로의 힘

- 빗면을 내려가는 물체에는 중력의 빗면 방향의 분력이 작용합니다.
- 작용하는 힘이 커질수록 속도가 빠르게 증가합니다.

함께 알아 둬요! [빗면 위의 물체에 작용하는 힘]

자전거 페달을 더 밟지 않고 가던 힘만으로 비탈길을 올라가기는 힘들죠?

비탈길을 올라가는 방향과 반대인 빗면을 미끄러지는 방향으로 중력의 분력이 작용하기 때문이지.

그런데 분력이 뭔가요?

물체가 빗면 위에 있어도 물체의 중력은 바로 아래로 작용한단다. 이 중력은 빗면 방향으로 미끄러지는 힘과 빗면에 수직인 방향의 힘으로 나눌 수 있어. 이렇게 분해한 힘을 분력이라고 부르지.

빗면에 수직인 분력은 물체의 운동에 영향을 주나요?

빗면이 물체를 미는 수직 항력과 평형을 이루기 때문에 물체의 운동과는 관계없어.

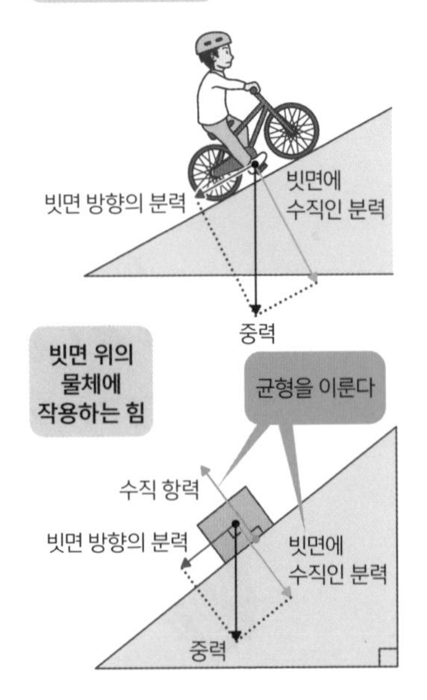

【힘과 운동】

Q. 19

난이도 ★ 중요도 ★★

우주에서 공을 던지면 공은 어떻게 날아갈까요?

지구에는 있고 우주에는 없는 힘이 있지요.
공의 파열이나 반동은 생각하지 말고 답해 보세요.

A.

[우주에서 공을 던지면 어떻게 날아갈까?]
던졌을 때와 같은 속도로 끝없이 곧게 날아갑니다.

지구에서의 공

공에 중력과 공기의 저항이 작용하므로 포물선을 그리며 지상에 떨어집니다.

우주에서의 공

공에 작용하는 힘이 없어서 던졌을 때의 속도 그대로 등속 직선 운동을 합니다.

- 물체에 힘이 작용하지 않으면 운동하는 물체는 등속 직선 운동을 계속합니다. (관성의 법칙)

함께 알아 둬요! [관성의 법칙]

 관성이 무엇인가요?

 물체가 외부로부터 힘을 받지 않을 때, 자신의 운동 상태를 계속 유지하려는 성질이야.

 음, 전철이나 차에 타고 있을 때 차가 급정거하면 몸이 앞으로 쏠리는 것처럼요?

 그렇지. 타고 있는 사람이나 물건은 그 순간까지의 속도로 운동을 계속하려고 하니 앞으로 쏠리게 되지.

 멈춰 있으면 상관없나요?

 정지해 있는 물체도 계속 정지해 있으려는 관성이 있단다. 따라서 바닥에 놓여 있는 물체는 바닥이 없어지더라도 그 자리에 멈춰 있으려고 하지. 그러나 중력 때문에 아래로 떨어져 버리는 거야.

 관성의 법칙은 움직이는 것과 멈춰 있는 것 모두에 적용되네요.

운동하는 물체

정지된 물체

【힘과 운동】

Q. 20

난이도 ★ 중요도 ★★

로켓이 **상승**할 수 있는 이유는?

로켓 엔진에 싣는 액체 연료나 고체 연료는 어떤 역할을 할까요?

A. [로켓이 상승할 수 있는 이유]
엔진이 연료를 태워 가스를 분사하는 힘에 대한 반작용의 힘으로 상승하는 것입니다.

로켓 엔진은 발사 신호와 함께 연료를 태워 가스를 분사합니다. 분사한 가스에 반대로 밀려 로켓이 상승하지요. 가스를 내뿜는 힘을 작용이라고 하면, 로켓이 그 반대 방향으로 밀리는 힘이 반작용입니다. 작용과 반작용의 힘은 크기는 같습니다. 방향은 서로 반대이며 두 힘 모두 일직선 위에 있습니다.

- 한 물체가 다른 물체에 힘을 작용하면 힘을 받은 다른 물체도 힘을 가한 물체에 크기가 같고 방향이 반대인 힘을 작용합니다. (작용·반작용의 법칙)

함께 알아 둬요! [힘의 평형과 작용·반작용의 관계]

로켓 상승은 작용·반작용이 '힘의 평형'을 이루고 있다는 말인가요?

아니지. '힘의 평형'은 하나의 물체에 작용하는 힘을 뜻하지만, 작용·반작용은 두 개의 물체에 각각 작용하는 힘을 말하는 거야.

음, 구분하기가 어려워요.

그렇지. 힘의 크기는 같고 방향은 반대, 일직선 위에 있는 두 개의 힘이라는 조건은 완전히 똑같으니까.

조금 더 구체적으로 알려 주세요!

도마 위의 수박을 예로 들면, '힘의 평형'은 수박에만 작용하는 거야. 반면, 작용·반작용은 수박이 도마를 누르는 힘을 작용이라고 할 때 도마가 수박을 받치는 힘을 반작용이라고 하는 거란다.

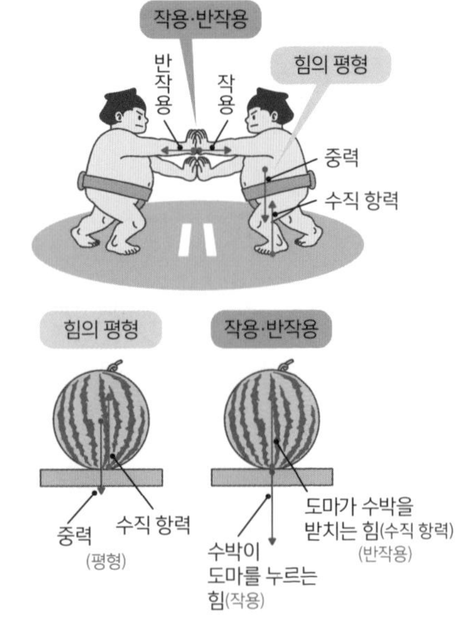

【힘과 운동】

Q. 21

난이도 ★★ 중요도 ★★★

기중기가 철근을 매달아 옆으로 움직였는데, 그것이 '**일**'이 아닌 이유는?

과학에서는 물체에 힘이 가해져 물체가 힘의 방향으로 이동할 때 '일'을 한다고 합니다. 힘의 방향을 생각해 보세요!

A.

[옆으로 움직이면 '일'이라고 할 수 없는 이유]

철근을 매달아 지탱하는 힘의 방향(위쪽)과 움직인 방향이 다르기 때문입니다.

철근에는 중력이 작용하고 있습니다. 철근이 매달린 채 정지해 있을 때나 옆으로(수평으로) 움직였을 때, 중력과 같은 크기의 힘이 철근 위쪽으로 가해지고 있지요. 그 힘의 방향으로 움직인 거리가 0이므로 과학에서 말하는 '일'이라고 할 수 없습니다. 위로 똑바로 들어 올려야 '일'이 됩니다.

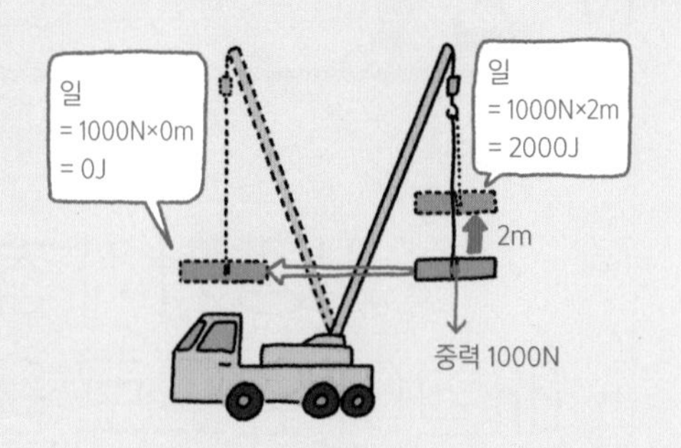

- 1N의 힘이 물체를 힘과 같은 방향으로 1m만큼 움직였을 때의 일을 1J(줄)이라고 합니다.
- 줄(J) = 물체에 가해진 힘(N) × 힘의 방향으로 움직인 거리(m)

함께 알아 둬요! [일과 에너지의 관계]

 과학에서 말하는 '일'은 알겠는데 그걸 하면 어떻게 된다는 거예요?

 예를 들어 물체를 높은 위치에 끌어 올리는 일을 하면 물체는 그만큼의 위치 에너지가 늘어난단다. 또 마찰력을 거스르는 물체를 움직이는 일을 하면 물체는 그만큼 운동 에너지가 늘어나지.

 그렇군요. 일을 한 만큼 물체가 에너지를 얻게 되는 거네요.

 맞아. 물체는 늘어난 에너지로 다른 물체에 일을 할 수 있게 되지.

들어 올리는 일

마찰력을 거스르는 일

【힘과 운동】

Q. 22

난이도 ★★ 중요도 ★★★

움직도르래를 사용하면 짐을 들어 올리는 것이 쉬워지는 이유는?

움직도르래를 쓰면 당기는 힘이 훨씬 줄어들어요.
짐을 지탱하는 끈이 몇 개인지 유심히 보세요!

A. [움직도르래를 사용하면 짐을 들어 올리는 것이 쉬운 이유]
짐을 두 개의 줄로 지탱하므로 끌어 올리는 힘이 절반이 되기 때문입니다.

움직도르래는 양 끝이 두 개의 줄로 지지되고 있습니다. 그러므로 하나의 줄에는 짐 무게의 절반만큼의 힘만 걸립니다. 다만 줄을 당기는 거리는 두 배가 되니까 '일 = 힘×거리'를 생각하면 직접 짐을 들어 올릴 때와 일의 크기는 같습니다.

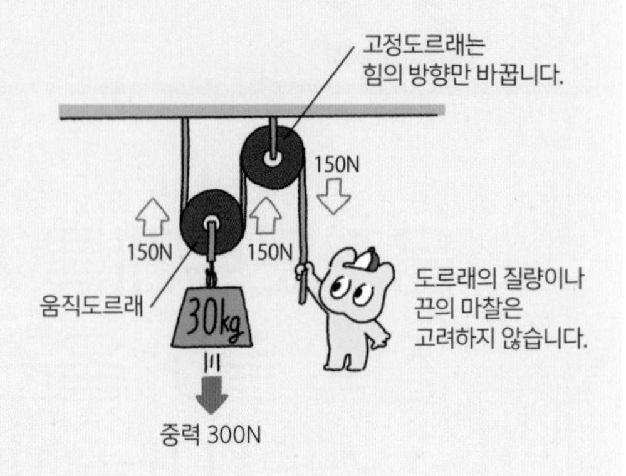

• 움직도르래를 사용하면 당기는 힘의 크기는 절반이 되지만 당기는 거리는 두 배가 되므로 '일'의 크기는 변하지 않아요.

함께 알아 둬요! [일의 원리]

 움직도르래 말고도 짐을 쉽게 들어 올리는 방법이 있을까요?

 비탈을 이용해 끌어 올리면 힘이 덜 들지.

 비탈이 완만할수록 힘이 덜 드는 거죠? 이유가 뭔가요?

 마찰을 고려하지 않는다고 하면, 물체의 중력이 빗면 방향으로 갖는 힘(분력)과 같은 크기의 힘으로 당기면 된단다. 그래서 빗면이 완만할수록 끄는 힘이 적게 드는 거야.

 아, 그렇군요.

 하지만 같은 높이까지 도달하기 위해 당기는 거리가 그만큼 길어지겠지. 결과적으로는 수직으로 들어 올리는 '일'과 같은 크기의 '일'이 된단다. 이것이 **'일의 원리'**야.

 쉬운 일은 없네요!

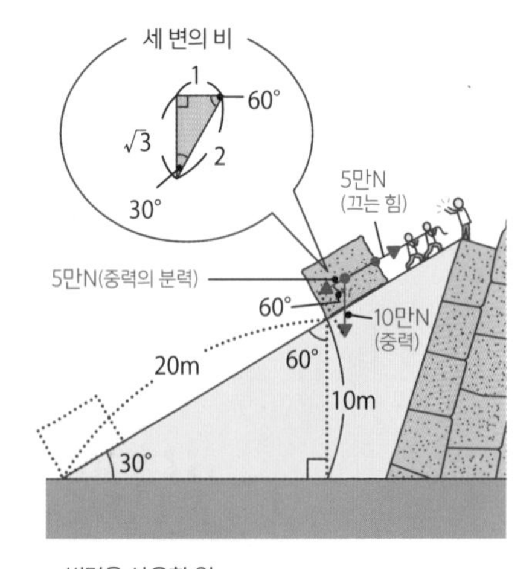

빗면을 사용한 일
= 5만N × 20m = 100만J

수직으로 끌어 올리는 일
= 10만N × 10m = 100만J

【힘과 운동】

Q. 23

난이도 ★ 중요도 ★★

롤러코스터에는 엔진이 없는데 오르락내리락할 수 있는 이유는?

롤러코스터는 출발하면 일단 체인 등으로 끌어 올려집니다. 이때 에너지를 얻게 되지요!

[롤러코스터가 엔진 없이 오르락내리락할 수 있는 이유]

위치 에너지가 운동 에너지로 전환되기 때문입니다.

1 롤러코스터가 끌어 올려지는 동안 높은 곳에 있는 물체가 갖는 위치 에너지가 커집니다.

2 출발 지점의 위치 에너지는 롤러코스터가 내려갈 때는 운동 에너지로 바뀌고, 올라갈 때는 위치 에너지로 다시 바뀌는 과정을 반복합니다.

- 높은 곳에 있는 물체는 위치 에너지를 가집니다.
- 움직이는 물체는 운동 에너지를 가집니다.
- 위치 에너지와 운동 에너지는 서로 전환됩니다.

함께 알아 둬요! [역학적 에너지 보존의 법칙]

위치 에너지와 운동 에너지의 합을 **역학적 에너지**라고 해.

롤러코스터의 역학적 에너지는 계속 유지되나요?

원칙적으로 역학적 에너지는 일정하게 보존되지. 하지만 실제로는 역학적 에너지의 일부가 레일과의 마찰이나 공기의 저항으로 소리나 열이 되어 사라진단다. 그래서 코스의 산 부분들은 조금씩 낮아지도록 설계되어 있어.

그럼 마찰이나 저항이 없으면 영원히 달릴 수 있는 거네요.

맞아. 소리나 열로 바뀌는 에너지도 포함하면 에너지 전체는 보존된다고 할 수 있지.

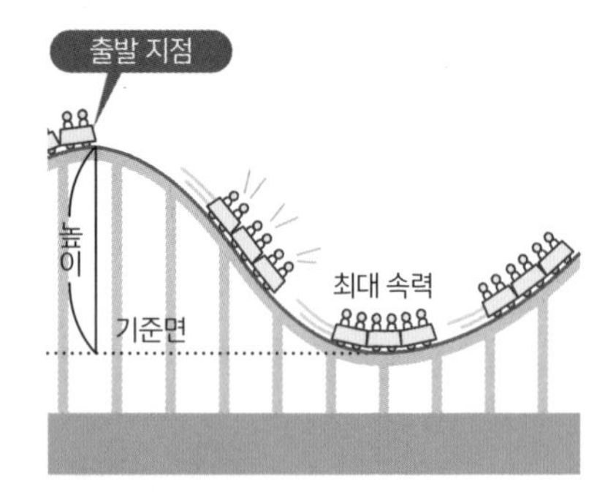

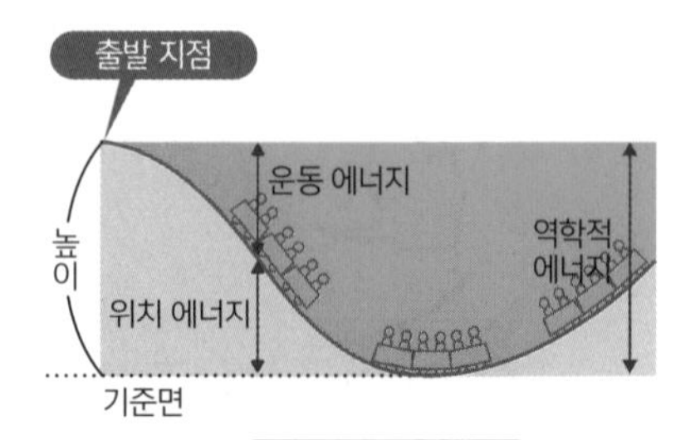

역학적 에너지의 보존

실력이 늘었는지 확인해 볼까요!

【물리】 확인 테스트

◉ 정답은 230쪽에

1 볼록 렌즈, 광원이 되는 물체, 스크린을 아래 그림과 같은 위치에 두었더니 스크린에 상이 비쳤습니다. 다음 각 물음에 답하세요.

(1) 스크린에 비친 상을 뭐라고 하나요?

〔　　　　　　〕

(2) 물체에서 나온 빛은 볼록 렌즈에 들어가면 꺾입니다. 이 현상을 뭐라고 부르나요?

〔　　　　　　〕

(3) 물체의 끝에서 나와 볼록 렌즈의 축에 평행하게 진행하여 볼록 렌즈에 들어가는 빛과 볼록 렌즈의 중심을 통과하는 빛이 스크린에 도달하는 길을 그림 위에 그려 보세요.

(4) 물체를 초점 안쪽에 두었더니 스크린에는 상이 맺히지 않았습니다. 하지만 볼록 렌즈의 반대쪽에서 보니 물체의 상이 보입니다.

① 이때 보이는 상을 무엇이라고 하나요? 〔　　　　　　〕

② 이때 보이는 상의 크기와 방향을 간단하게 설명하세요.

〔　　　　　　　　　　　　　　　　　　　　〕

2 그림은 전열선 a, b에 걸리는 전압과 흐르는 전류의 관계를 나타낸 것입니다. 다음 각 물음에 답하세요.

(1) 전열선 a와 b의 저항 크기를 구하세요.

a〔　　　　〕　　b〔　　　　〕

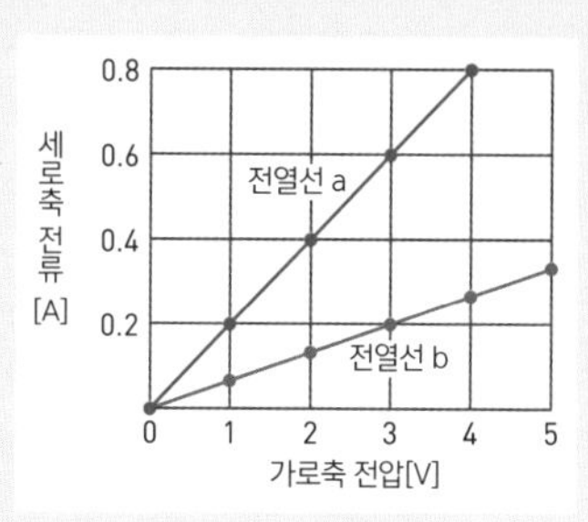

(2) 전열선 a에 8V인 전압을 가했을 때, 흐르는 전류는 몇 A일까요?

〔　　　　　　〕

(3) 전열선 a, b를 병렬로 연결하여 3V의 전압을 가했을 때 회로 전체에 흐르는 전류는 몇 A일까요?

〔　　　　　　〕

(4) (3)에서 전열선 a가 소비하는 전력은 몇 W일까요? 〔　　　　　　〕

(5) 전열선에 전류가 흐르는 이유를 '전자'라는 단어를 사용해 간단히 설명해 보세요.

〔　　　　　　　　　　　　　　　　　　　　〕

3 [그림 1]의 A 위치에 물체를 두면 물체는 빗면을 따라 내려갑니다. 다음 각 물음에 답하세요.(마찰력이나 공기의 저항은 무시한다고 가정)

(1) 물체에 작용하는 중력을 빗면에 평행한 방향과 빗면에 수직인 방향으로 분해하여 [그림 2]에 그리세요.

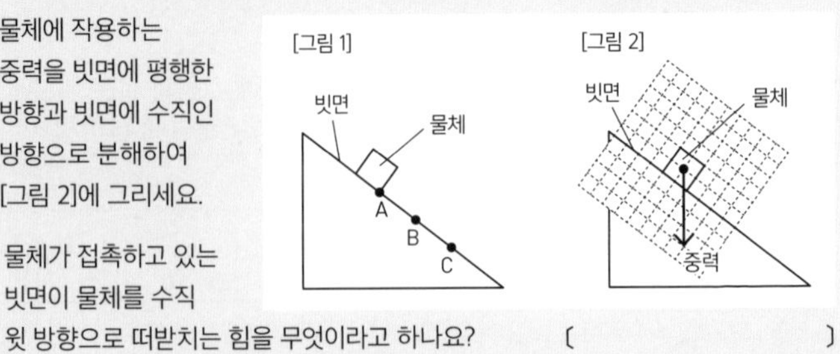

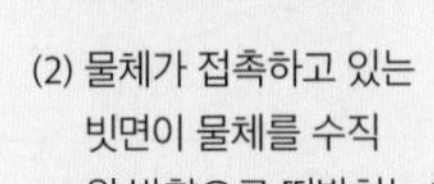

(2) 물체가 접촉하고 있는 빗면이 물체를 수직 윗 방향으로 떠받치는 힘을 무엇이라고 하나요? 〔　　　　　　　　〕

(3) [그림 1]에서 물체가 B점을 통과할 때와 C점을 통과할 때 속도는 어떻게 되나요? 보기에서 맞는 것을 하나 골라 기호로 답하세요. 〔　　　　　〕

보기) **가.** B점을 통과할 때가 빠르다.
　　나. C점을 통과할 때가 빠르다.
　　다. 다르지 않다.

(4) 빗면의 기울기를 [그림 1]보다 크게 하면 물체가 C점을 통과할 때의 속도는 어떻게 될까요? 〔　　　　　　　　〕

(5) (4)의 답을 쓴 이유를 간단히 설명해 보세요.
〔　　　　　　　　　　　　　　　　　　　　　　　　　　　　　　　　　〕

4 무게가 500g인 추를 0.1m 높이까지 끌어 올렸습니다. 다음 물음에 답하세요.(실이나 용수철저울, 도르래의 무게와 마찰력, 공기의 저항은 무시, 100g의 물체에 작용하는 중력의 크기는 1N)

(1) [그림 1]에서 '일'의 크기를 구하세요.
〔　　　　　　〕

(2) [그림 2]에서 용수철저울은 몇 N을 나타낼까요?

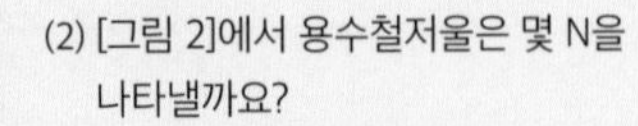

〔　　　　　　〕

(3) [그림 2]에서 움직도르래의 줄은 몇 m 당겨졌을까요?
〔　　　　　　〕

(4) [그림 2]에서 '일'의 크기를 구하세요.
〔　　　　　　〕

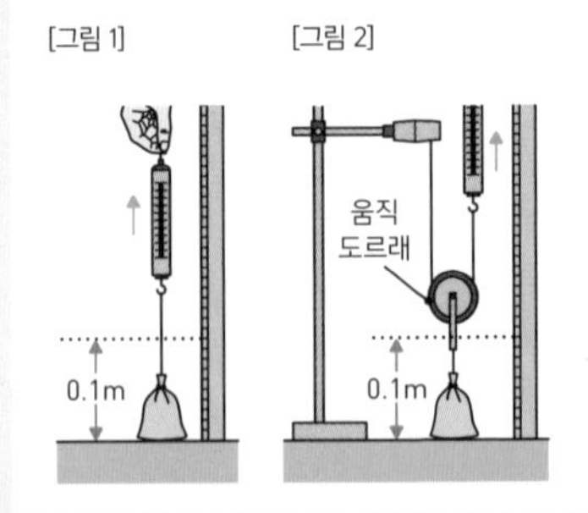

(5) (1)과 (4) 문제의 답을 비교하여 알 수 있는 사실은 무엇인가요? '당기는 힘'과 '당기는 거리'라는 말을 사용하여 그 이유도 간단하게 설명해 보세요.
〔　　　　　　　　　　　　　　　　　　　　　　　　　　　　　　　　　〕

원리를 찾는 다섯 가지 질문

Q. 01

'검은색' 물체가
검게 보이는 이유는?

Q. 02

식용유에 유리 막대를 넣으면,
기름에 들어간 부분이 보이지 않는
이유는?

A. 01 물체의 표면에서 빛이 흡수되어 눈에 도달하는 빛이 적기 때문입니다.

해설 광원(스스로 빛을 내는 물체)에서 나온 빛은 다른 물체의 표면에서 반사되어 우리 눈에 도달합니다. 그것이 물체의 색으로 보이지요. 그런데 검은색 물체는 표면에서 **빛을 흡수해서, 반사되어 눈까지 오는 빛이 적기 때문**에 색이 없는 것처럼 보입니다.

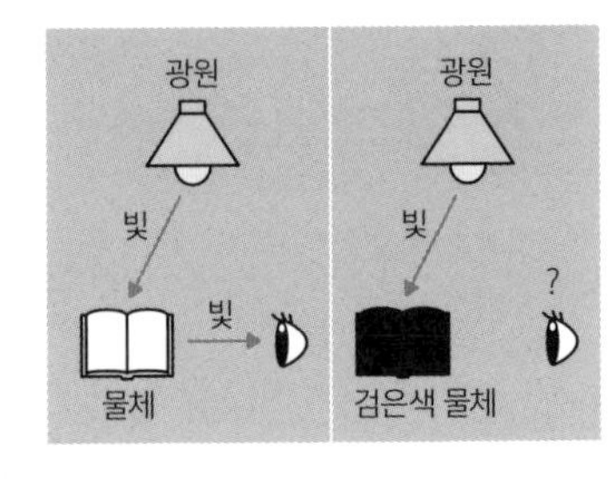

식물의 잎이 초록색으로 보이는 것은 잎의 표면에서 반사된 초록색 빛이 눈에 도달하기 때문이네요.

맞아. 반대로 생각하면 식물의 잎은 초록색 이외의 색을 흡수한다고 말할 수 있지.

A. 02 식용유와 유리 막대의 경계에서는 빛이 반사하거나 굴절하지 않고 직진하기 때문입니다.

해설 빛이 서로 다른 물질로 진행할 때, 어느 정도 굴절해서 진행하는지는 물질의 조합에 따라 달라집니다. **식용유와 유리의 경계면에서 빛은 반사나 굴절을 하지 않고 직진**하기 때문에 식용유 속으로 들어간 유리 막대 부분은 보이지 않게 됩니다.

Q. 03 환경을 위해 백열전구를 LED 전구로 교체하는 이유는?

전기 요금이 싸지는 것과도 관계가 있지요.

Q. 04 잠수정이 떠올랐다 가라앉았다 할 수 있는 이유는?

물체가 뜨거나 가라앉는 것은 중력과 부력의 관계로 정해집니다.

Q. 05 증기 기관차가 연료를 태워서 달릴 수 있는 이유는?

에너지의 변환을 생각해 보세요!

A. 03 LED 전구가 백열전구보다 소비 전력이 적기 때문입니다.

해설 LED 전구와 백열전구를 비교하면 **같은 밝기인 경우, LED 전구의 소비 전력이 훨씬 적습니다**. 그래서 에너지 소비량을 줄여 환경을 보호하기 위해 LED 전구의 사용을 권장하는 것이죠.

LED 전구가 수명이 길고 전기 요금도 싸답니다.

A. 04 잠수정 안의 탱크에 해수를 넣거나 빼면서 부력의 크기를 조절하기 때문입니다.

해설 잠수정은 **밸러스트 탱크라는 장치에 넣는 해수나 공기의 양을 조절해서 부력을 조절합니다**. (추를 사용하기도 합니다.) 탱크 안의 물의 양이 적어 '부력 > 중력'이 될 때는 잠수정이 떠오르고, 물의 양이 많아 '부력 < 중력'이 될 때는 가라앉지요.

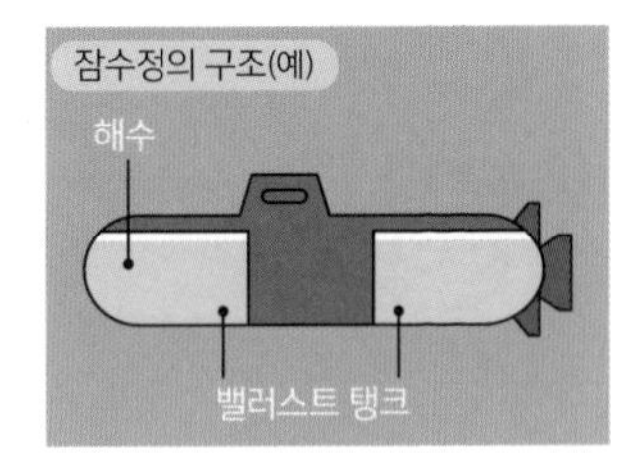

A. 05 연료의 화학 에너지가 열 에너지에서 운동 에너지로 전환되기 때문입니다.

해설 연료인 석탄을 태워 물을 끓일 때 석탄이 가지는 **화학 에너지가 열 에너지로 전환됩니다**. 그 열에 의해 발생한 수증기의 힘이 증기 기관의 피스톤을 움직일 때, **열 에너지가 운동 에너지로 전환됩니다**.

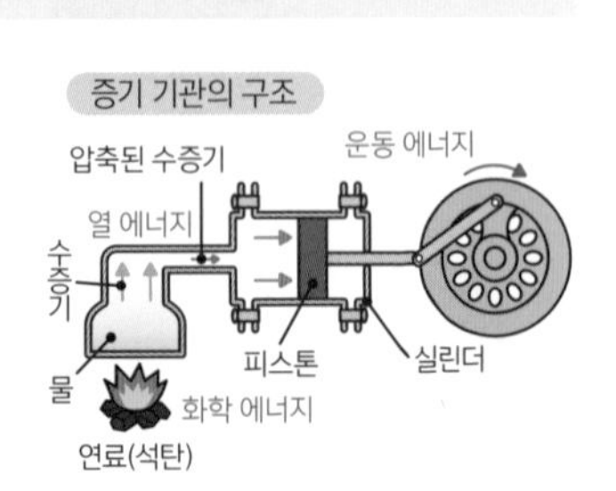

04
지구
과학

지구과학 | 요약정리로 미리 보는 핵심 포인트

지구과학에서 중요한 부분을 정리했습니다.
퀴즈를 풀다 막힐 때는 이 페이지를 다시 확인해 보세요!

화성암의 종류

▶ Q02

화산암 (반상 조직)	유문암	안산암	현무암
심성암 (등립상 조직)	화강암	섬록암	반려암
색	희고 밝다 ⟷		검고 어둡다

광물의 종류

▶ Q02

무색 광물

석영
무색 또는 흰색/
불규칙형

장석
흰색 또는
연한 분홍색/
주상(기둥 모양)

유색 광물

유색 광물 사진: ©아후로

흑운모
검은색~갈색/
육각판상/
얇게 쪼개짐

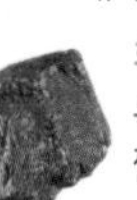

휘석
녹색~갈색/
짧은 주상

각섬석
암녹색 또는 암갈색
/길쭉한 주상

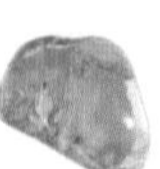

감람석
연두색이나 갈색/
둥그스름한 주상

지진의 진동

▶ Q04

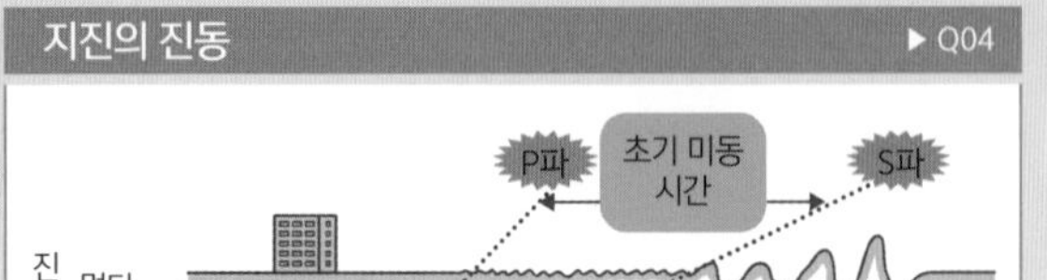

진원에서 먼 지점일 수록 초기 미동 시간이 길어지는구나!

온도와 포화 수증기량

▶ Q09

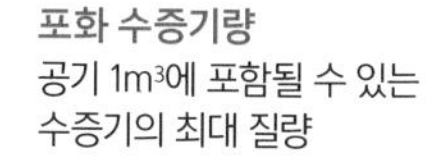

포화 수증기량

공기 1m³에 포함될 수 있는 수증기의 최대 질량

습도[%]

$$= \frac{\text{공기 1m}^3\text{에 포함된 수증기량}[g/m^3]}{\text{그 기온에서의 포화 수증기량}[g/m^3]} \times 100$$

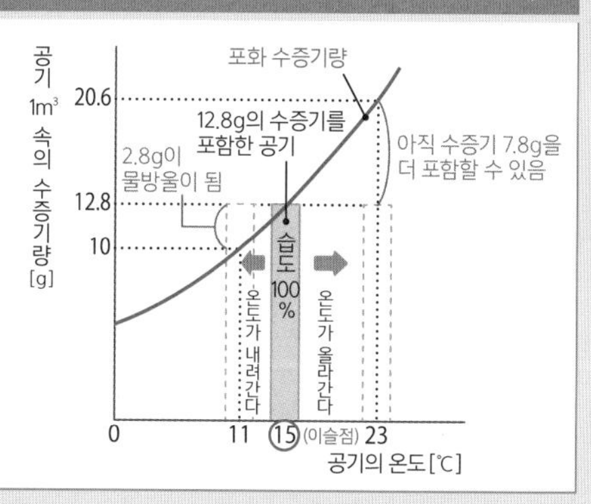

전선에 따른 날씨의 변화

▶ Q12

온대 저기압

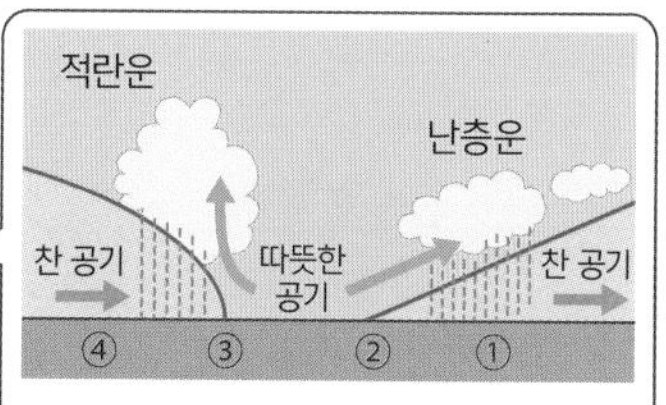

① 약한 비가 장시간 계속 내린다.
② 날씨가 회복되고 기온이 올라간다.
③ 강한 비가 단시간 내린다.
④ 날씨가 회복되고 기온이 내려간다.

계절별 기상도의 특징

▶ Q13, 14

겨울 계절풍
한랭건조
시베리아 기단
장마 전선·가을장마 전선
한랭다습
오호츠크해 기단
여름 계절풍·장마 전선·가을장마 전선
북태평양 기단
고온다습

계절	기상도의 특징
봄·가을	이동성 고기압과 저기압이 교대로 통과
장마	정체 전선(장마 전선)
여름	남고북저의 기압 배치
겨울	서고동저의 기압 배치

계절에 따른 태양의 남중고도

▶ Q22

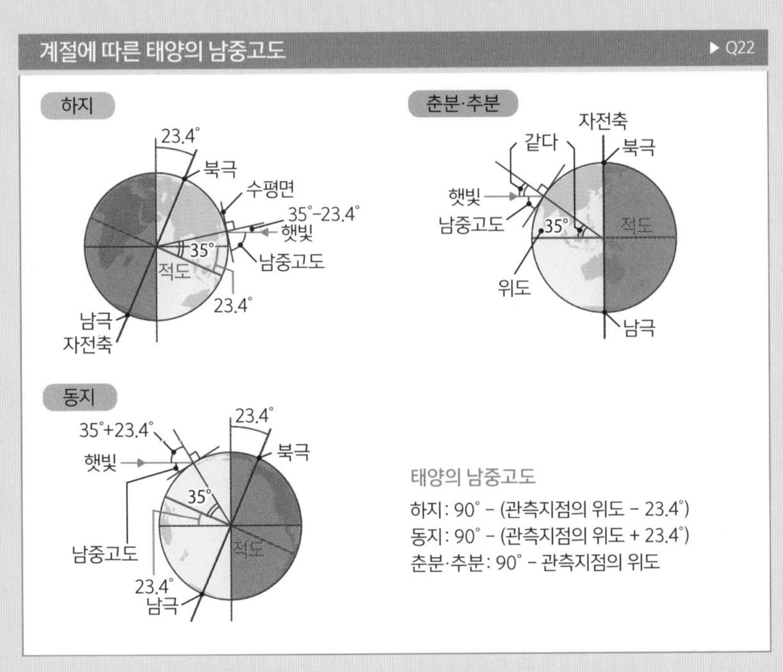

달의 공전과 모양 변화

▶ Q23

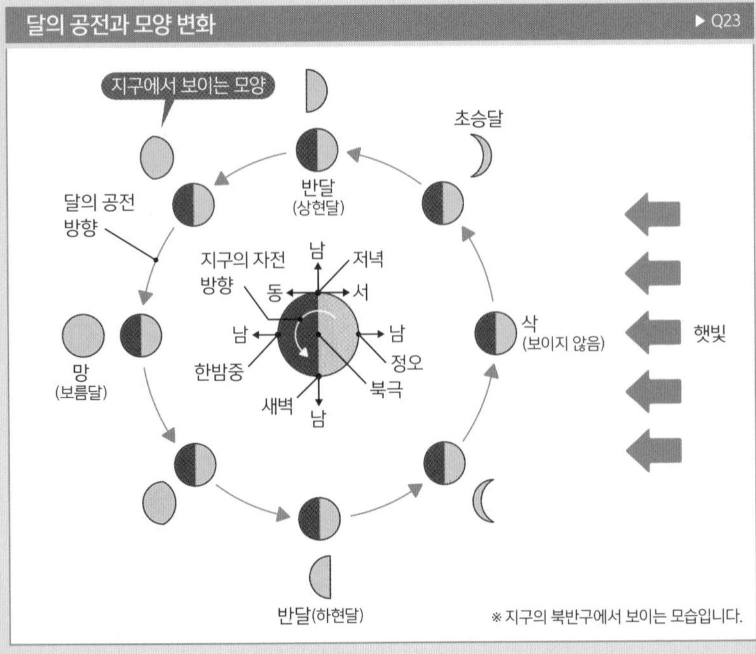

【지권의 변화】

Q. 01

난이도 ★★ 중요도 ★★

화산은 왜 **폭발**할까요?

화산은 폭발할 때 새빨간 마그마를 뿜어 내지요!

A. [화산이 폭발하는 이유]

암석이 녹아 생긴 마그마가 상승하여 화산 가스와 함께 터져 나오기 때문입니다.

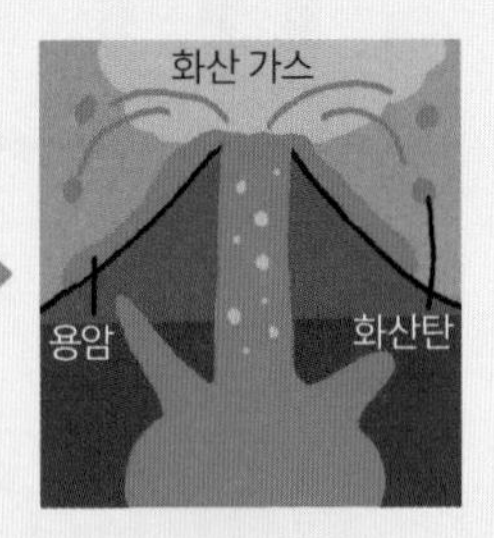

1 지하 깊은 곳에서 마그마가 발생합니다.

2 마그마가 상승합니다. 마그마가 모여 있는 곳을 마그마굄이라고 합니다.

3 마그마 내부에서 가스가 발생하여 지표의 암석을 날리며 분화합니다.

- 지구 내부의 열로 지하의 암석이 녹은 것을 마그마라고 합니다.
- 지표로 흘러나온 마그마나 그것이 굳어 만들어진 암석을 용암이라고 합니다.

함께 알아 둬요! [화산의 형태]

 세계에는 화산이 많이 있지요?

 우리나라의 백두산, 일본의 후지산을 포함해 세계에는 850여 개의 활화산이 있어.

 정말 많네요. 그런데 화산의 형태가 다양하네요.

그렇지. 화산의 형태는 크게 세 종류로 나눌 수 있어. 경사가 완만한 순상 화산, 원뿔 모양의 성층 화산, 돔 모양의 종상 화산이 있지. 화산에 따라 용암의 색깔도 각각 다르단다.

 왜 다른가요?

 **마그마의 점성**(끈적이는 정도)이 다르기 때문이야. 점성에 따라 용암의 색깔이나 흐르는 모양이 달라지지. 점성이 낮은 용암은 색이 거무스름하고 어두우며, 점성이 높은 용암은 색이 밝단다.

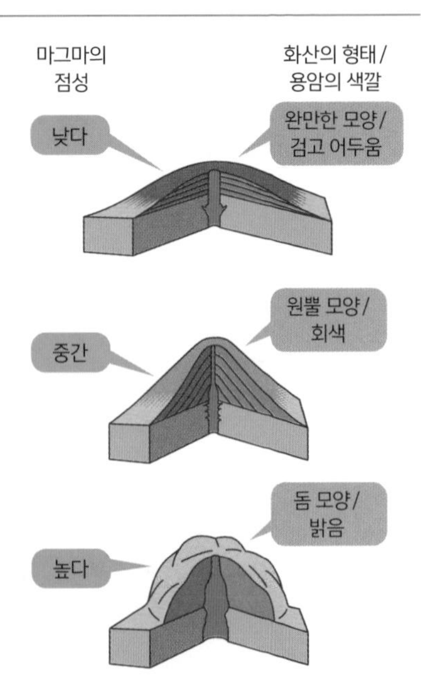

【지권의 변화】

Q. 02

난이도 ★★ 중요도 ★★★

마그마가 식어서 굳으면 **어떤 암석**이 되나요?

마그마가 굳어서 생기는 암석은 식는 시간과 장소에 따라 종류가 달라집니다.

가 모두 화석이 된다.

나 모두 석회암이 된다.

다 화산암과 심성암이 된다.

A. 다 지표 가까이에서 생기는 화산암과 지하 깊은 곳에서 생기는 심성암이 있습니다.

[마그마가 굳어서 생기는 암석]

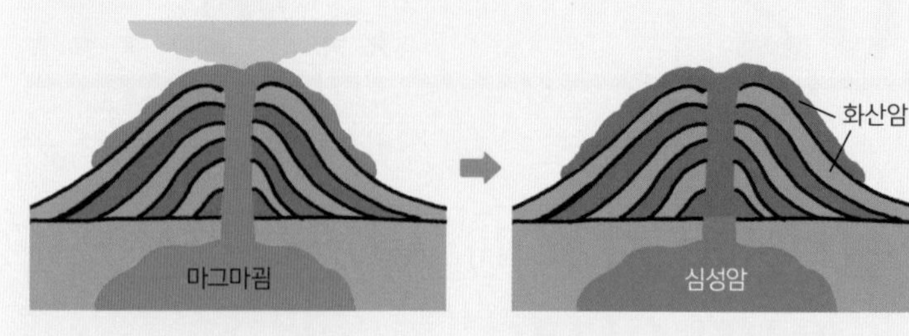

1 마그마가 상승하여 분화합니다.

2 마그마가 지표 가까운 곳에서 빠르게 식으면 화산암이 됩니다. 마그마가 지하 깊은 곳에서 천천히 식으면 심성암이 됩니다.

- 마그마가 식어서 굳은 암석을 화성암이라고 합니다.
- 화성암은 화산암과 심성암으로 나뉩니다.

함께 알아 둬요! [화성암의 생성]

비석을 자세히 들여다본 적이 있니?

알갱이가 보이는 돌로 만들어진 것을 본 적 있어요.

맞아. 그건 화강암이라는 돌인데 심성암의 일종이야.

아, 그렇군요. 그런데 화산암과 심성암은 어떻게 구분하나요?

루페(확대경)로 관찰하면 광물의 배열 모습이 다른 것을 볼 수 있단다. 화산암은 **석기*** 속에 **반정***이 흩어져 있지. 반면, 심성암은 비슷한 크기의 광물 조합으로 구성되어 있어.

화산암과 심성암에는 어떤 종류가 있나요?

색이 검은 것부터 순서대로 나열하면, 화산암에는 **현무암**, **안산암**, **유문암**이 있어. 심성암에는 **반려암**, **섬록암**, **화강암**이 있지.

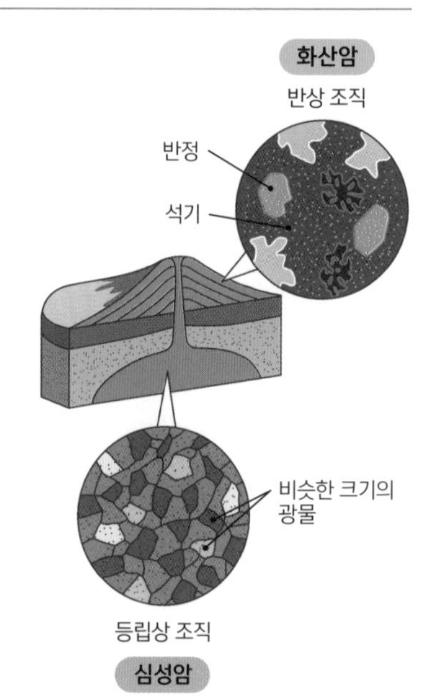

* 석기 : 반정을 둘러싸고 있는 미세한 결정
* 반정 : 화성암 조직을 구성하는 큰 결정

【지권의 변화】

Q. 03

난이도 ★★ 중요도 ★★

일본은 왜 **지진**이 자주 일어나나요?

지진은 대지가 움직여서 일어나지요.
일본 열도의 위치를 생각해 봅시다.

[일본에 지진이 많이 일어나는 이유]

일본 열도는 지진이 자주 일어나는 판의 경계 부근에 있기 때문입니다.

해구형 지진

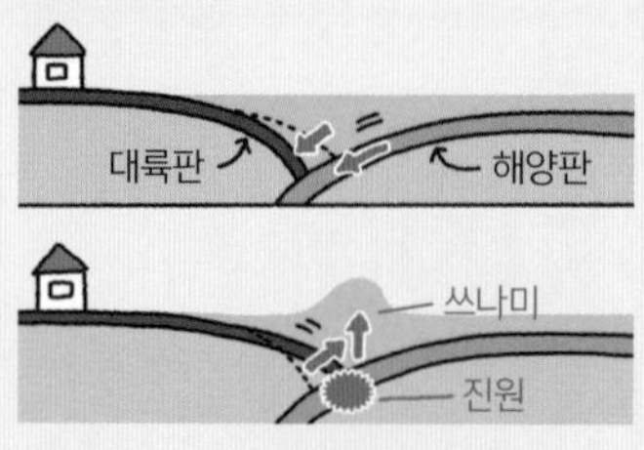

해양판에 끌려 들어간 대륙판이 다시 돌아올 때 지진이 일어납니다.

내륙형 지진

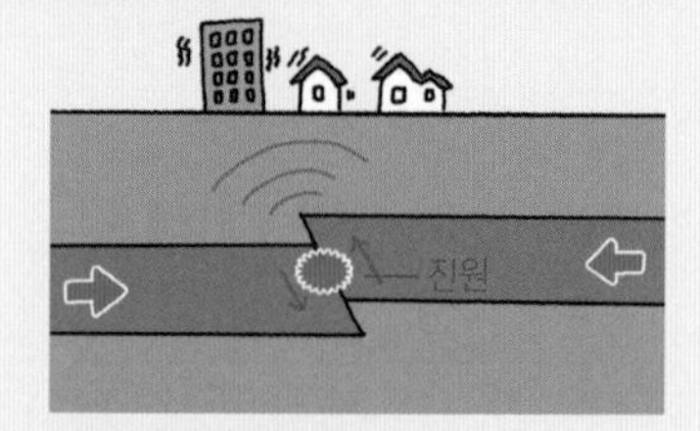

대륙판 내부에서 활단층이 어긋나 지진이 일어납니다.

- 해구형 지진은 대륙판 아래로 해양판이 끌려 들어가면서 일어납니다.
- 내륙형 지진은 활단층이 움직여 일어납니다.

함께 알아 둬요! [판]

판은 무엇인가요?

판은 지구 표면을 덮고 있는 두께 100km 정도의 암반이야.

판이 움직여요?

응. 태평양판(해양판)은 일 년에 수센티미터가 움직이는 속도로 일본 쪽으로 움직이고 있어.

네? 정말요?!

이렇게 판이 움직이면서 지진이나 화산 활동이 일어나는 거야.
태평양판에 의해 생기는 해구형 지진의 진원은 태평양 쪽은 얕고, 서쪽으로 갈수록 깊어진단다.

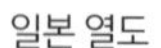

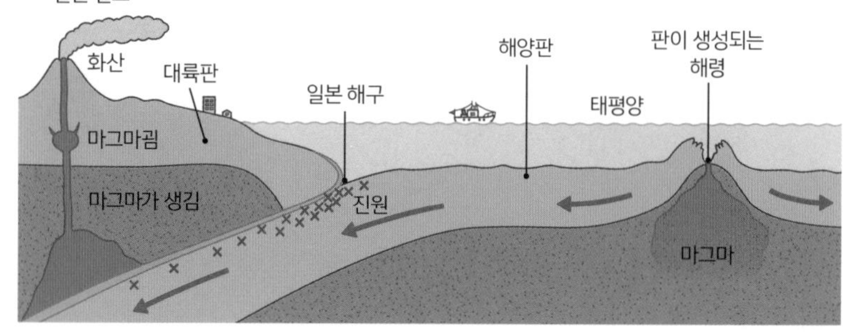

【지권의 변화】

Q.04

난이도 ★★★ 중요도 ★★★

지진이 날 때 **흔들림**이 **두 번**에 걸쳐 오는 이유는?

지진이 일어나면 처음에는 작게 흔들리고, 뒤에 큰 진동이 옵니다. 지진파가 전달되는 방식을 생각해 보세요!

A. [지진의 흔들림이 두 번 오는 이유]

흔들림이 작은 초기 미동의 지진파는 빠르고, 뒤에 오는 흔들림이 큰 주요동의 지진파는 느리기 때문입니다.

지진의 최초 흔들림(초기 미동)은 P파, 그 뒤에 오는 흔들림(주요동)은 S파라는 지진파에 의해 생깁니다. P파와 S파는 진원에서 동시에 발생하지만, P파가 S파보다 전달 속도가 빠릅니다. 그래서 멀리 떨어진 곳까지 전달될 때 두 지진파의 시간차가 발생하는 것이지요.

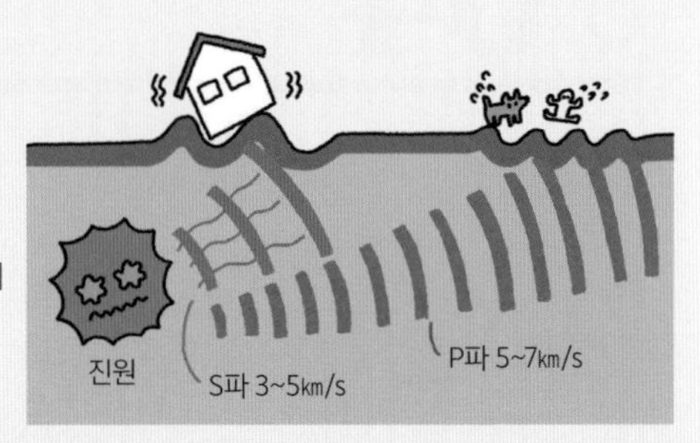

• 지진에 의한 최초의 흔들림을 초기 미동, 뒤에 오는 흔들림을 주요동이라고 합니다.

함께 알아 둬요! [초기 미동 시간]

 앗, 지진이다! 진원이 가까울까요?

 진원까지의 거리는 '초기 미동 시간(PS시)'을 측정하면 알 수 있지.

 초기 미동 시간이 뭐예요?

 초기 미동이 시작된 후 주요동이 시작될 때까지의 시간을 뜻해. 이 시간이 길수록 진원까지의 거리가 멀다고 할 수 있어.

 네? 왜 그런 거예요?

 P파와 S파의 속도가 다르기 때문에 초기 미동 시간은 거리에 비례하여 길어진단다. 따라서 초기 미동 시간을 알면 진원까지의 거리도 추정할 수 있어.

 그런 정보는 어디에 쓸 수 있나요?

 긴급 지진 속보에 사용되지. 진원에 가까운 지진계에서 P파를 인지하면, 각 지역에 S파가 도달하기 전에 알려 줄 수 있어.

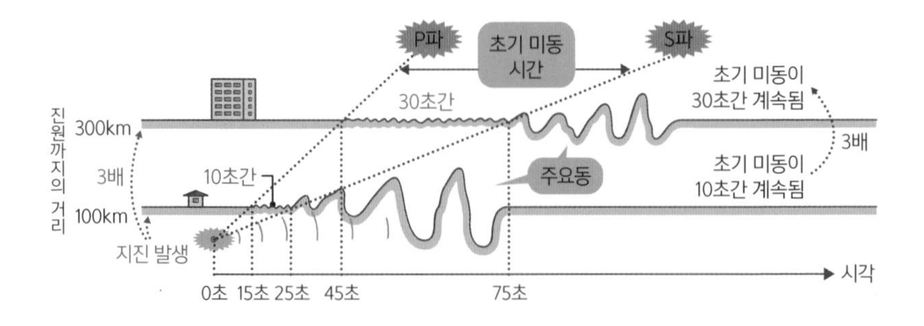

【지권의 변화】

Q. 05

난이도 ★ 중요도 ★★

절벽의 **지층**은 왜 **줄무늬 모양**인가요?

지층은 모래나 진흙이 쌓여서 생긴답니다!

A. [지층이 줄무늬 모양인 이유]

바다나 강바닥에 모래와 진흙이 쌓일 때 입자 크기의 차이로 인해 층이 생기기 때문입니다.

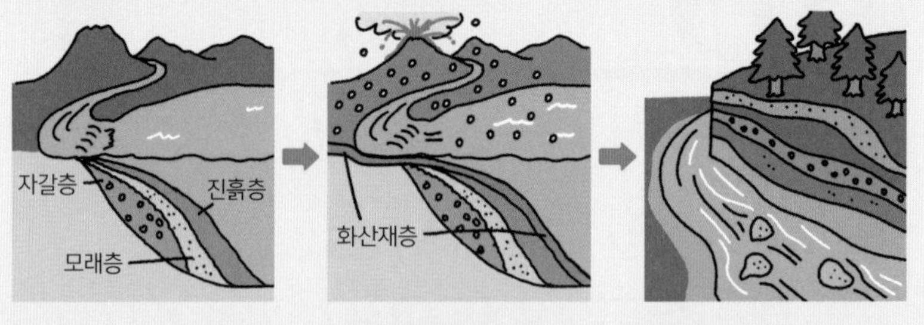

강을 통해 운반된 자갈, 모래, 진흙 중에서 알갱이가 큰 것은 하구 근처의 얕은 곳에 쌓여요.

화산이 폭발해 화산재가 쌓이기도 합니다.

해저가 융기해 육지가 되면 강에 침식되는 과정을 거쳐 지층이 드러납니다.

- 진흙 < 모래 < 자갈 순으로 알갱이가 큽니다.
- 알갱이가 작을수록 해안에서 먼 곳으로 운반되어 퇴적됩니다.

함께 알아 둬요! [물의 작용]

앗, 산사태가 날 거래요!

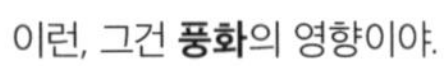
이런, 그건 **풍화**의 영향이야.

풍화가 뭔가요?

비나 바람, 기온의 변화 등으로 암석이 약해져 부서지는 거야.

어디에서나 일어나는 일인가요?

그렇지. 산 위쪽에서 풍화된 암석은 강 상류의 강한 흐름에 깎여(**침식**) 깊은 계곡을 만들어. 이를 V자 계곡이라고 한단다.

침식된 암석은 어떻게 되나요?

하류까지 **운반**되는 동안 모서리가 깎이며, 하구 부근에 토사로 **퇴적**되지. 그렇게 생기는 것이 삼각주야. 도중에 강의 흐름이 느려지는 곳에 퇴적되어 선상지라는 땅이 되기도 해.

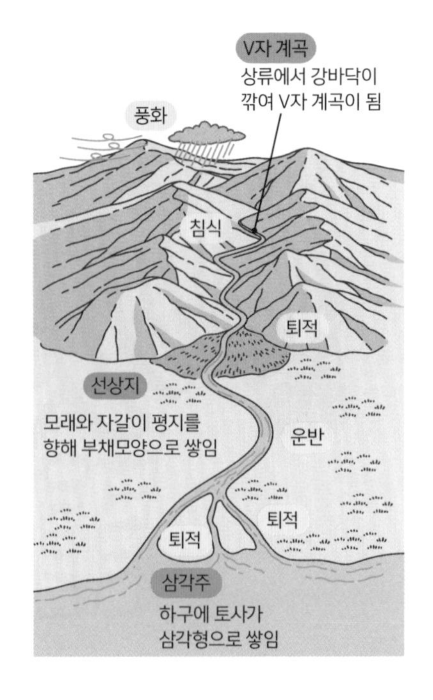

【지권의 변화】

Q. 06

난이도 ★ 중요도 ★

구부러지거나 어긋난 지층은 왜 생길까요?

지층이 변형되는 것은 어떤 힘이 작용하기 때문일까요?

[지층이 구부러지거나 어긋나는 이유]

좌우에서 미는 큰 힘 때문에 지층에 습곡이나 단층이 생깁니다.

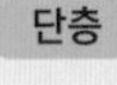

습곡

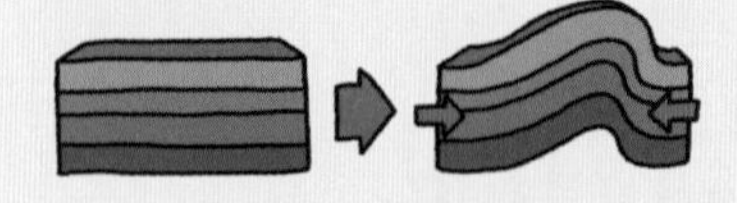

좌우에서 미는 힘이 작용해
지층이 구부러집니다.

단층

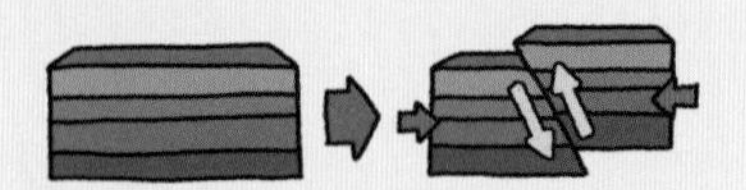

좌우에서 미는 힘이 작용해
지층이 어긋납니다.

- 습곡은 지층을 압축하는 큰 힘이 작용해 생깁니다.
- 단층은 큰 힘이 작용하여 지층이 끊어지고 어긋나서 생깁니다.

함께 알아 둬요! [단층의 종류]

얼마 전에 지진이 일어나서 단층이 생겼다는 뉴스를 봤어요!

그랬지. 거대한 힘으로 땅 밑의 암석이 파괴되어 지진이 일어날 때 단층이 나타나기도 해. 단층 중에서 지금도 활동하는 단층을 **활단층**이라고 해. 그 활동이 지진으로 느껴지기도 하지.

거대한 힘이라니요?

지진의 원인이 되는, 지구의 판이 움직이는 힘 말이야.

단층에도 종류가 있나요?

당겨져서 위아래로 어긋나는 것뿐만 아니라 밀려서 위아래로 어긋나는 단층, 옆으로 어긋나는 단층이 있어. 모두 지층에 큰 힘이 작용되어서 생기는 거지.

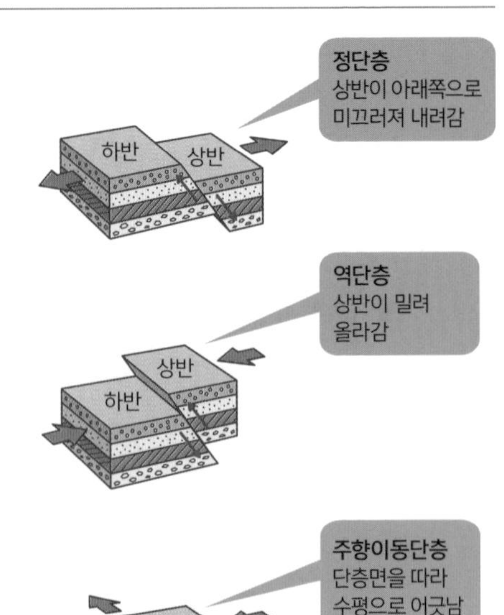

【지권의 변화】

Q. 07

난이도 ★ 중요도 ★★★

화석은 왜 생기는 걸까요?

힌트

옛날에는 바다 밑이었던 장소에서 화석이 많이 발견되지요.

A.

[화석이 생기는 이유]

지층이 퇴적하는 동안 생물의 사체가 묻혀 지층 중간에 갇히기 때문입니다.

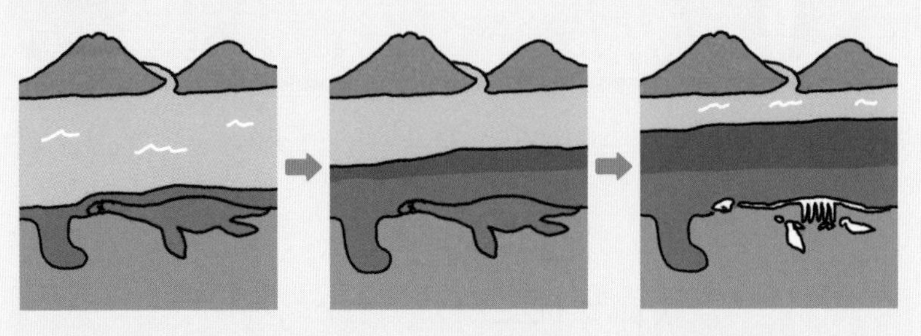

1 생물의 사체가 토사에 묻힙니다.

2 강에서 흘러온 토사가 퇴적됩니다.

3 지층 중간에 갇혀 화석이 됩니다.

- 지층이 생긴 당시의 환경을 알 수 있는 화석을 시상화석이라고 합니다.
- 지층이 생긴 연대를 알 수 있는 화석을 표준화석이라고 합니다.

함께 알아 둬요! [시상화석과 표준화석]

어떻게 시상화석으로 당시의 환경을 알 수 있죠?

특정 환경에서만 살 수 있는 생물이 화석이 되었기 때문이지. 그 생물과 비슷한 생물이 현재에 살고 있는 환경을 참고해 당시의 환경을 추정하는 거야.

그럼 표준화석으로는 어떻게 연대를 알 수 있나요?

표준화석은 넓은 지역에 살았으며, 짧은 기간 동안 번성했던 생물이 화석이 된 거야.
그러니 그 화석이 발견되는 지층은 모두 같은 연대의 지층이라고 추정할 수 있겠지.

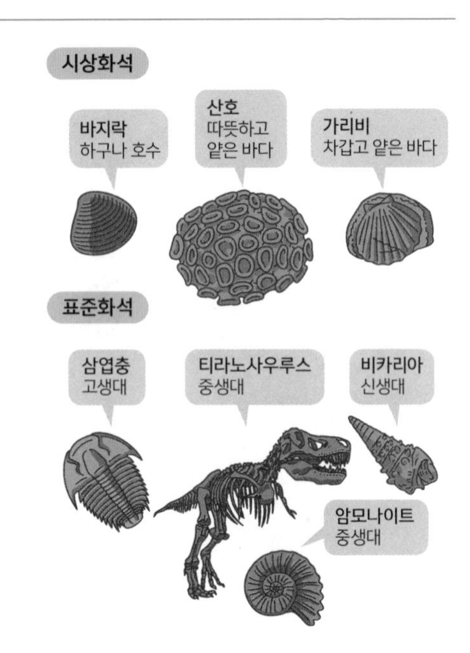

【지권의 변화】

Q. 08

난이도 ★★ 중요도 ★★★

지층을 통해 아주 먼 옛날의 상황을 알아낼 수 있는 이유는?

지층은 오랜 세월에 걸쳐 암석이 됩니다.
지층을 이루는 암석의 종류를 생각해 보세요!

[지층을 통해 먼 옛날의 상황을 알 수 있는 이유]
지층 속의 암석이나 화석을 조사하면 지층이 생겼을 때의 모습을 추정할 수 있기 때문입니다.

지층은 보통 위쪽 층일수록 최근에 만들어진 것입니다. 오른쪽 그림의 지층은 아래부터 역암→사암→이암의 순으로 쌓여 있습니다. 위쪽 지층일수록 알갱이 크기가 작아지기 때문에 이 부근의 해저는 점점 깊어졌다고 생각할 수 있습니다.

- 사암이나 이암 등 퇴적물이 굳어서 생긴 암석을 퇴적암이라고 합니다.
- 역암, 사암, 이암이 쌓이는 순서로 해저의 상승, 하강을 알 수 있습니다.

함께 알아 둬요! [퇴적암의 종류]

역암, 사암, 이암의 입자는 둥그스름한데 왜 그런지 아니?

음, 왜 그럴까요?

강에 흐르는 물의 작용으로 모서리가 깎이기 때문이야. 같은 퇴적암이라도 화산재가 퇴적되어 만들어진 응회암의 알갱이는 모서리가 그대로 남아 있단다.

그걸로 응회암을 구분할 수 있겠네요! 석회암과 처트는 어떻게 구분하나요?

둘 다 생물의 사체 같은 것이 퇴적되어 만들어지기도 하는데, 퇴적된 생물의 종류가 달라. 처트는 규질 생물이 퇴적된 것이라 이산화규소가 주성분이고, 석회암은 석회질 생물이 쌓여 생긴 것이라 주성분이 탄산칼슘이야. 이 때문에 석회암에 묽은 염산을 뿌리면 이산화탄소가 발생하는데, 처트에서는 그렇지 않아. 또, 처트는 무척 단단해서 못으로 세게 긁어도 흠집이 남지 않는단다.

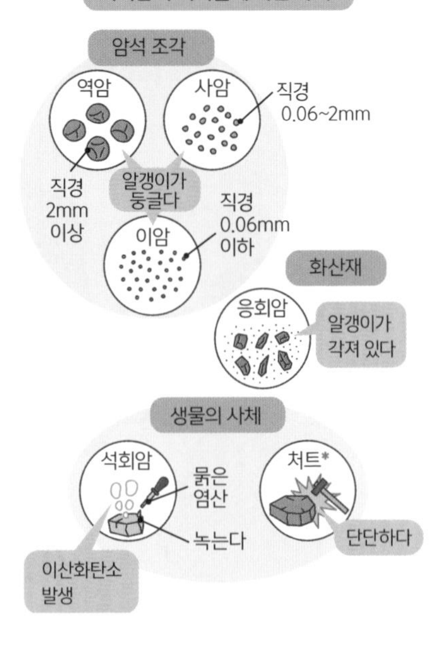

* 처트 : 석영 알갱이로 이루어진 치밀하고 단단한 퇴적암

【날씨의 변화】

Q. 09

난이도 ★★★ 중요도 ★★★

비가 오거나 구름이 낀 날에 **빨래**가 **잘 마르지 않는** 이유는?

해가 안 나서 그런 건 아니랍니다.
세탁물의 물기가 어디로 가는지 생각해 보세요!

A. [비가 오거나 구름이 낀 날에 빨래가 잘 마르지 않는 이유]
비가 오거나 날이 흐리면 습도가 높아지는데, 그러면 세탁물에서 나오는 수증기를 공기가 잘 받아들일 수 없기 때문입니다.

습도가 낮을 때

공기 중에 수증기가 적어 세탁물에서 수증기가 쉽게 증발합니다.

습도가 높을 때

공기 중에 수증기가 많아 세탁물에서 물이 잘 증발하지 않습니다.

• 공기가 포함할 수 있는 수증기의 양에는 한계가 있는데, 1m³의 공기가 포함할 수 있는 최대량을 포화 수증기량이라고 합니다.

함께 알아 둬요! [포화 수증기량과 습도]

습도가 100%라고 하면 물속을 뜻하는 건가요?

아니, 그렇지 않아. 습도란 포화 수증기량에 대해 얼마만큼의 수증기를 포함하는가를 말하는 거야. 따라서 습도 100%의 공기에는 포함할 수 있는 최대치의 수증기가 들어 있는 것이지. 습도가 낮을수록 더 많은 수증기를 포함할 수 있단다.

그렇군요. 그럼 습도 100%인 공기의 온도를 내리면요?

포화 수증기량은 기온이 낮을수록 작아지기 때문에, 습도 100%인 공기의 온도가 낮아지면 더는 공기 속에 있을 수 없게 된 수증기가 물방울로 변한단다.

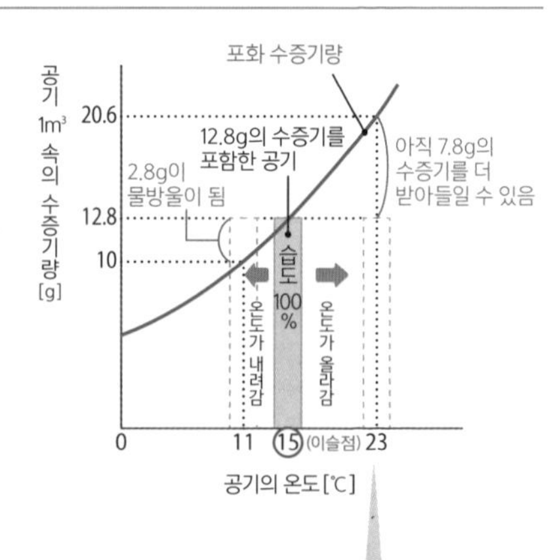

$$습도[\%] = \frac{공기\ 1m^3\ 중의\ 수증기량[g/m^3]}{포화\ 수증기량[g/m^3]} \times 100$$

$$= \frac{12.8g/m^3}{20.6g/m^3} \times 100 = 약\ 62\%$$

⊘한 걸음 더 바람이 불거나 증발하는 면적이 넓어지면 물은 더 쉽게 증발합니다.

【날씨의 변화】

Q. 10

난이도 ★ 중요도 ★★

공기가 상승하면 **구름**이 생깁니다. 왜 그럴까요?

수증기가 물방울이 되면 구름이 생겨요.
상승한 공기의 온도 변화를 생각해 보세요!

A.

[공기가 상승하면 구름이 생기는 이유]

공기의 온도가 내려가 더는 공기 중에 있을 수 없게 된 수증기가 물방울로 변하기 때문입니다.

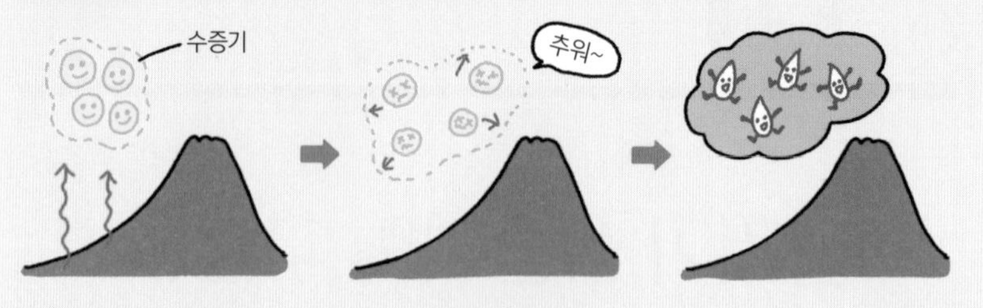

1 가열된 지상의 공기가 위로 올라갑니다.

2 위로 올라가면 기압이 낮아져 공기가 팽창하며 온도가 낮아집니다.

3 더는 공기 중에 있을 수 없게 된 수증기가 물방울이 되어 구름이 생깁니다.

• 공기가 상승하면 주위의 기압이 낮아져 팽창하므로 온도가 내려갑니다.

함께 알아 둬요! [이슬점]

이슬점이 뭐죠?

수증기가 물방울로 바뀌기 시작하는 온도야. 공기가 상공으로 올라가면 온도가 점차 내려가지. 그 공기가 포함하는 수증기량이 포화 수증기량과 같아지면 이슬점에 도달한단다.

이슬점의 온도는 정해져 있나요?

공기 중에 수증기가 얼마나 포함되어 있는가에 따라 다르지. 수증기가 많이 포함되어 있다면, 즉 습도가 높으면 기온이 많이 낮아지지 않아도 금방 이슬점에 도달한단다.

습도가 높으면 기온이 조금만 낮아져도 수증기를 많이 포함할 수 없게 되겠네요.

바로 그거야. 그래서 습도가 높은 공기가 상승하면 상공의 낮은 부분에 구름이 생기는 거란다.

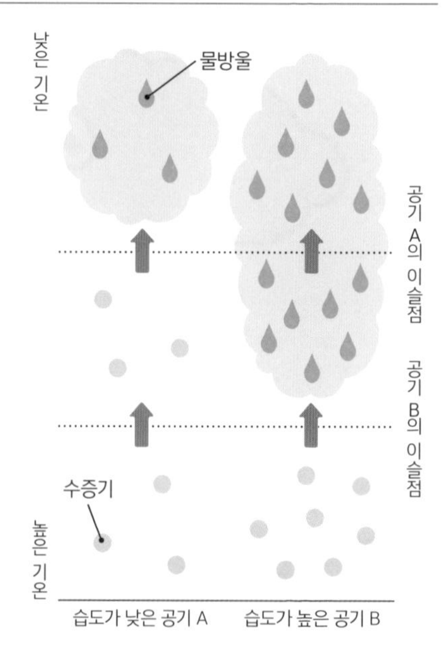

【날씨의 변화】

Q. 11

난이도 ★★ 중요도 ★★

저기압일 때 날씨가 흐린 이유는?

힌트

저기압은 주위보다 기압이 낮은 곳을 말하지요.
저기압일 때 공기가 움직이는 모습을 살펴보세요!

A. [저기압일 때 날씨가 안 좋은 이유]
주위에서 바람이 불어와 상승 기류가 일어나고 그 영향으로 구름이 생기기 때문입니다.

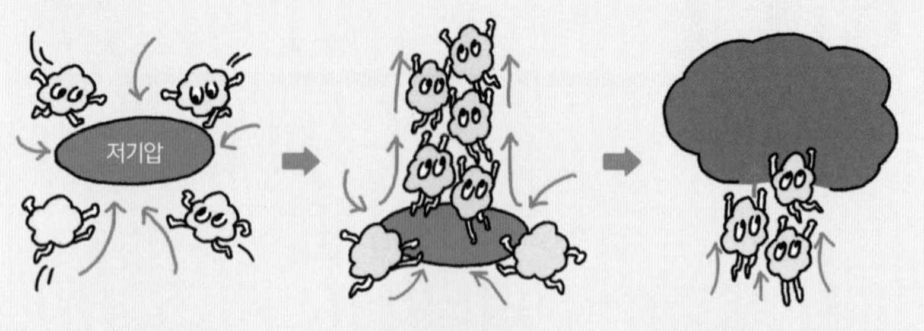

1 주위에서 바람이 불어 들어옵니다.

2 중심에 모인 공기가 상공으로 올라갑니다.

3 상승한 공기에 포함되어 있던 수증기가 물방울로 변하여 구름이 됩니다.

- 저기압은 주위보다 기압이 낮은 곳입니다. 중심부에 상승 기류가 있습니다.
- 고기압은 주위보다 기압이 높은 곳입니다. 중심부에 하강 기류가 있습니다.

함께 알아 둬요! [기압과 바람]

저기압일 때 바람이 불어 들어오면 고기압일 때는 어떤가요?

고기압의 중심부에서는 상공에서 내려온 공기(하강 기류)가 주위로 뻗어 나가듯이 바람이 불지.

그러면 구름은요?

공기가 위에서 아래로 움직이기 때문에 구름은 잘 생기지 않아. 또 지표에는 고기압에서 저기압 방향으로 바람이 분단다.

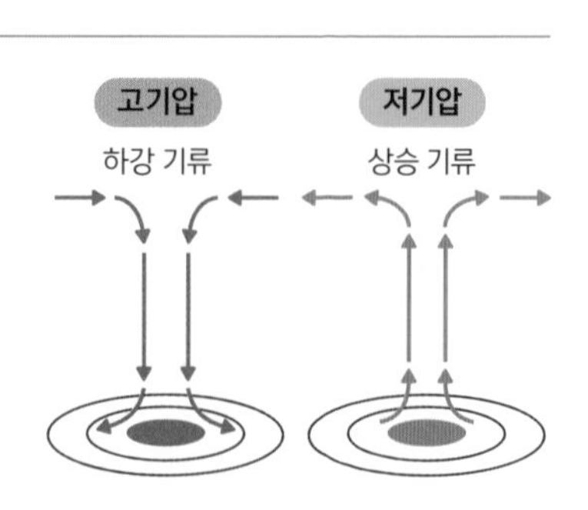

오른쪽 아래 그림에서 공기가 소용돌이처럼 감기는 이유는 뭔가요?

지구 자전의 영향이야. 북반구의 경우 공기가 고기압 주변에서는 시계 방향으로, 저기압 주변에서는 반시계 방향으로 움직인다고 기억하면 된단다.

고기압과 저기압을 위에서 본 모습

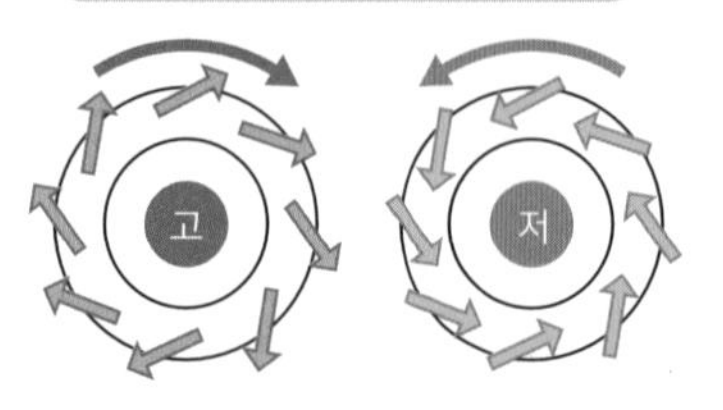

⊘한 걸음 더 지구의 자전으로 북반구에서는 바람이 오른쪽으로 휘어지므로 고기압일 때 바람은 시계 방향으로, 저기압일 때 바람은 반시계 방향으로 붑니다.

【날씨의 변화】

Q. 12

난이도 ★★ 중요도 ★★★

한랭 전선이 통과할 때 왜 천둥이 치거나 소나기가 쏟아지나요?

한랭 전선은 차가운 공기를 가지고 옵니다.
이때 발생하는 구름에는 특징이 있답니다!

[한랭 전선이 통과할 때 천둥 번개가 치거나 소나기가 오는 이유]

따뜻한 공기가 밀려 올라가 적란운이 급격하게 발달하기 때문입니다.

한랭 전선은 찬 공기가 따뜻한 공기를 밀어 올리고 이동하는 곳에 나타납니다. 따뜻한 공기가 급격히 밀려 올라가면 상승 기류가 발생합니다. 이 때문에 적란운이 발달해 천둥 번개나 돌풍을 동반한 큰비가 내립니다. 통과한 다음에는 북쪽에서 바람이 불어와 기온이 내려갑니다.

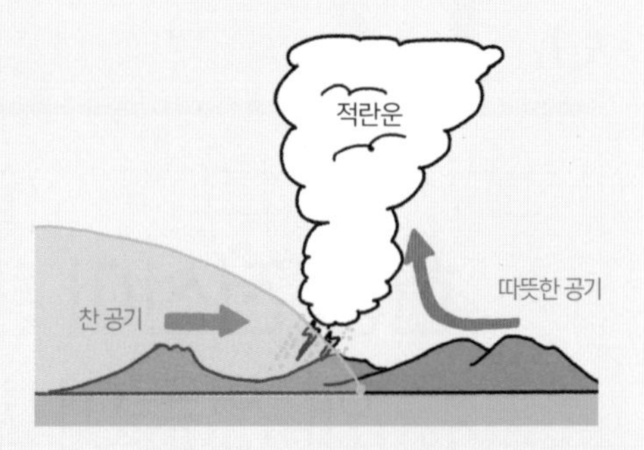

- 한랭 전선 부근에서는 찬 공기가 따뜻한 공기를 밀어 올립니다.
- 강한 상승 기류에 의해 적란운이 발달합니다.

함께 알아 둬요! [온대 저기압과 온난 전선의 통과]

일기예보에서 자주 들리는 온대 저기압이 뭔가요?

우리나라 같은 중위도 지역에서 자주 생기는 저기압이야. 남서쪽으로 한랭 전선, 남동쪽으로 온난 전선이 발달하는 저기압이란다. 서쪽에서 동쪽으로 이동하지.

그럼 온난 전선이 먼저 통과하는 거네요.

그렇지. 온난 전선은 따뜻한 공기가 차가운 공기를 타고 오르며 이동하는 곳에 나타나. 그 때문에 전선 앞에 난층운이 발달해서 넓은 범위에 약한 비가 장시간 내리게 된단다.

통과하고 나면 어떻게 되나요?

따뜻한 공기로 덮이기 때문에 기온이 올라가 따뜻해진단다.

온대 저기압

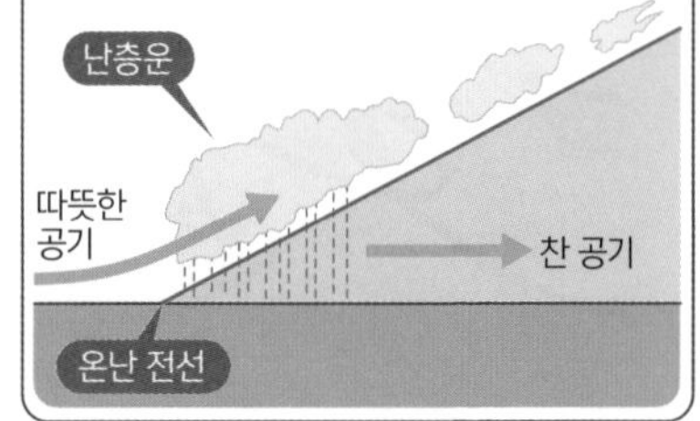

【날씨의 변화】

Q. 13

난이도 ★ 중요도 ★★

겨울에는 건조하고 차가운 북서풍이, 여름에는 다습한 남동풍이 부는 이유는?

계절에 따라 일정한 방향으로 부는 바람을 계절풍이라고 하지요.
각 계절풍을 만드는 고기압이 무엇인지 생각해 보세요!

[겨울에는 건조하고 차가운 북풍이, 여름에는 다습한 남풍이 부는 이유]

겨울에는 북쪽의 시베리아 고기압이, 여름에는 남쪽의 북태평양 고기압이 발달해 계절풍이 불어오기 때문입니다.

겨울 계절풍

차갑고 건조한 시베리아 기단에서 북서풍이 불어옵니다.

여름 계절풍

따뜻하고 습도 높은 북태평양 기단에서 남동풍이 불어옵니다.

• 겨울에는 대륙의 고기압이 시베리아 기단을, 여름에는 해양의 고기압이 북태평양 기단을 만듭니다. 각 고기압에서 계절풍이 불어오기 시작하지요.

함께 알아 둬요! [해륙풍과 계절풍]

해안 근처에 부는 바람인 해풍과 육풍에 대해 들어 봤니?

그러고 보니 낮에 바다에서 시원한 바람이 불어왔어요. 바람이 왜 부는 거죠?

육지는 바다보다 빨리 데워지고 빨리 식는단다. 낮에는 따뜻한 육지 쪽에서 상승 기류가, 추운 바다 쪽에서 하강 기류가 생겨 바람이 부는 거야.

계절풍도 같은 원리인가요?

거의 비슷해. 대륙과 해양의 온도 차이 때문에, 겨울에는 대륙이 차가워져 시베리아 고기압이 생기지. 여름에는 대륙이 데워지고 해양이 차가워져 북태평양 고기압이 생기는 거야. 이런 원리로 계절풍이 부는 거란다.

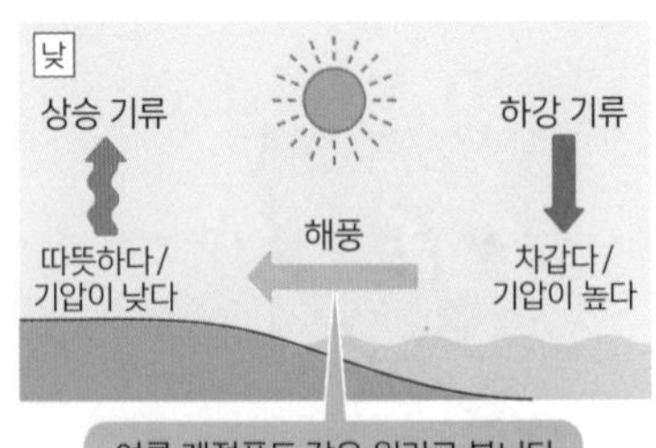

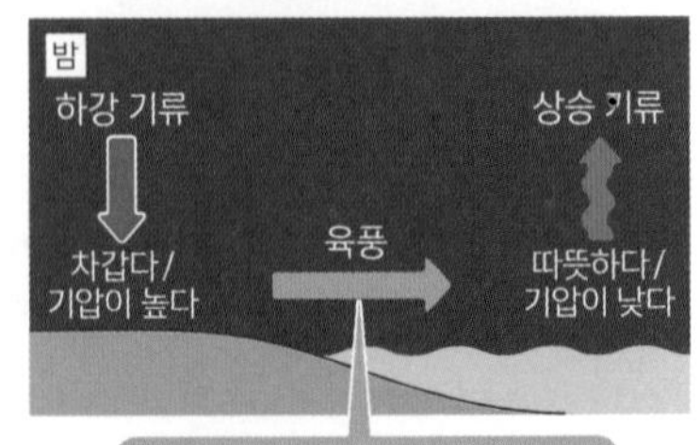

【날씨의 변화】

Q. 14

난이도 ★★ 중요도 ★★

장마 때 **비가 계속 오는** 이유가 뭘까요?

힌트

장마 때뿐만 아니라, 초가을에도 비가 계속 내리는 시기가 있죠. 어떤 전선이 영향을 주는 걸까요?

[장마 때 비가 계속 오는 이유]

북과 남의 기단이 서로 부딪혀 정체 전선(장마 전선)이 발생하기 때문입니다.

6월

북쪽에 차가운 오호츠크해 기단, 남쪽에 따뜻한 북태평양 기단이 생깁니다.

장마

오호츠크해 기단과 북태평양 기단이 부딪혀 정체 전선(장마 전선)이 생깁니다.

8월(여름)

오호츠크해 기단이 물러나고 북태평양 기단이 발달하면서 여름 기후가 됩니다.

- 따뜻한 기단과 차가운 기단의 힘이 평형을 이루는 전선을 정체 전선(장마 전선)이라고 합니다.
- 정체 전선은 오호츠크해 기단과 북태평양 기단이 만나 생깁니다.

함께 알아 둬요! [계절과 기단]

기단은 어떻게 생기나요?

커다란 고기압이 생기면 그 안의 공기는 온도나 습도가 비슷해진단다. 이렇게 비슷한 성질을 가진 공기 덩어리를 기단이라고 하지. 기단은 대륙이나 해양 위, 공기가 머물기 좋은 장소에 잘 생긴단다.

그렇군요. 우리나라 주위에는 어떤 기단이 있나요?

세 개의 큰 기단이 있지. 각각의 기단이 발달하거나 약해지면서 각 계절 특유의 날씨를 만들어 낸단다. 늦여름에 북태평양 기단의 세력이 약해지면 장마 전선과 비슷한 **가을장마 전선**이 생기지.

겨울 계절풍
장마 전선, 가을장마 전선
한랭건조
한랭다습
시베리아 기단
오호츠크해 기단
북태평양 기단
고온다습
여름 계절풍,
장마 전선,
가을장마 전선

【날씨의 변화】

Q. 15

난이도 ★ 중요도 ★

봄이나 가을 날씨는 왜 변덕이 심할까요?

날씨는 항상 서쪽부터 바뀌지요.
무엇 때문에 날씨가 이렇게 바뀌는지 생각해 보세요.

[봄이나 가을 날씨가 변덕이 심한 이유]

서쪽에서 동쪽으로 고기압과 저기압이 교대하며 이동하기 때문입니다.

대륙의 남동부에서 발생한 기단 일부가 분리되면 이동성 고기압이 되어 동쪽으로 이동합니다. 이동성 고기압 뒤에는 온대 저기압이 따라오지요. 이 때문에 고기압에 덮인 지역은 맑지만, 그 날씨가 길게 이어지지 않습니다. 4~7일 주기로 날씨가 계속 바뀝니다.

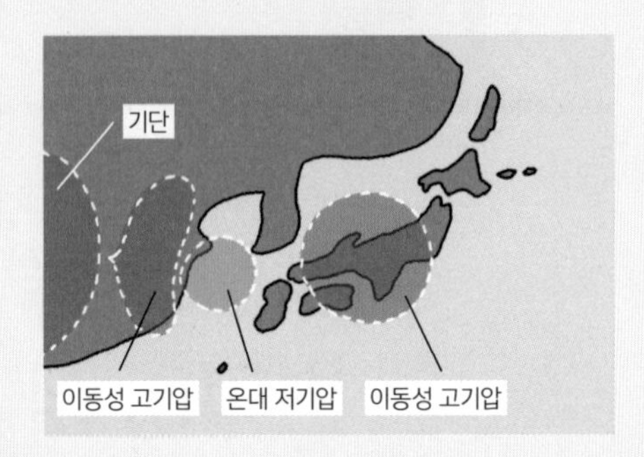

- 봄과 가을에는 이동성 고기압이 서쪽에서 동쪽으로 이동합니다.
- 이동성 고기압과 저기압이 번갈아 오기 때문에 날씨는 주기적으로 바뀝니다.

함께 알아 둬요! [편서풍]

이동성 고기압이 서쪽에서 동쪽으로 이동하는 이유가 뭐예요?

편서풍에 밀리며 이동하기 때문이란다.

편서풍이 뭔데요?

중위도 지방의 상공에서 일 년 내내 부는 **강한 서풍**이야. 지구를 한 바퀴 돌듯이 불고 있지. 편서풍 때문에 대기는 서쪽에서 동쪽으로 움직이고, 그에 따라 날씨도 서쪽부터 동쪽으로 바뀌는 거야.

지구상 어디서나 바람은 서쪽에서 동쪽으로 부는 거예요?

그렇지는 않아. 적도나 북극, 남극 부근에서 바람은 동쪽에서 서쪽으로 불거든. 이렇게 큰 규모로 대기가 움직이는 것은 태양 에너지에 의한 기온 차이 때문이지.

지구상의 대기의 움직임

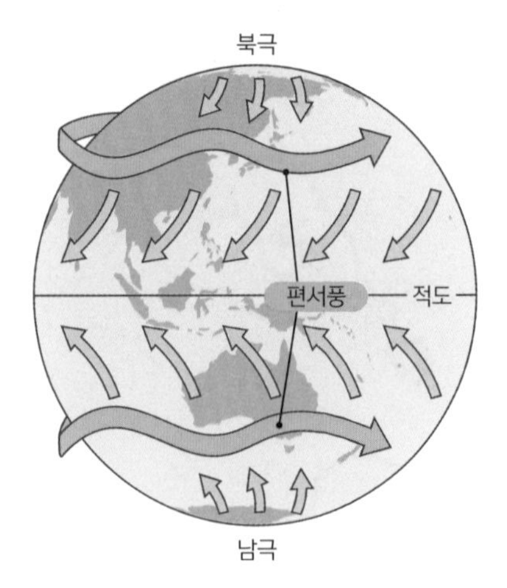

【날씨의 변화】

Q. 16

난이도 ★★★ 중요도 ★

기온이 급격히 높아지는 **푄 현상**이 생기는 이유는?

푄 현상으로 여름도 아닌데 기온이 30℃를 넘는 때도 있지요.
바람이 산을 넘을 때가 포인트랍니다!

A. [푄 현상이 생기는 이유]
다습한 바람이 산을 넘어 내려올 때, 공기가 건조해지고 온도가 올라가기 때문입니다.

산맥을 경계로 한쪽에 저기압이 있으면 그 반대쪽에서 다습한 공기가 산을 넘어 저기압 쪽을 향해 이동합니다. 다습한 공기는 산을 오를 때 비나 눈을 뿌린 후 건조해지므로 산을 넘어 내려올 때는 산을 오를 때보다 온도가 높지요.

- 다습한 공기는 산을 오를 때 비나 눈을 내리고, 산을 내려올 때는 건조한 공기가 되지요.

함께 알아 둬요! [동해 쪽과 태평양 쪽의 겨울 날씨]

 일본의 겨울 날씨는 동해 쪽과 태평양 쪽이 꽤 다르네요?

 푄 현상과 비슷한 현상이 일어나기 때문이지.

 네? 그게 무슨 뜻인가요?

 대륙에서 불어오는 겨울 계절풍이 동해를 건널 때 많은 수증기를 흡수한단다. 그것이 일본 열도의 산에 부딪혀 많은 양의 눈을 동해 쪽에 뿌리지. 그후, 산을 넘은 공기는 건조해지기 때문에 태평양 쪽은 건조한 날씨가 되는 거야.

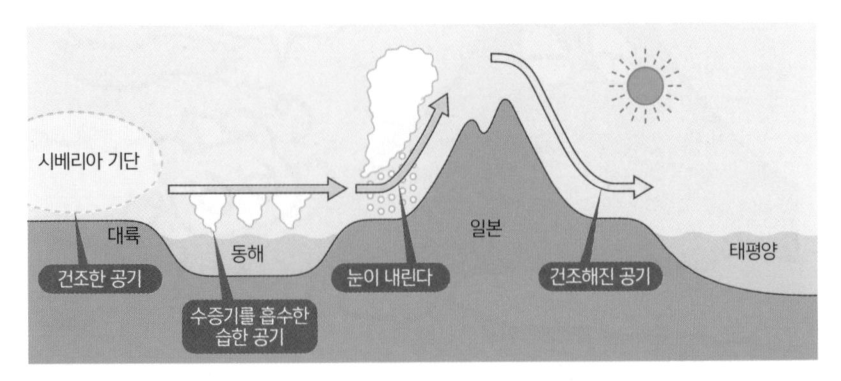

⊘한 걸음 더 푄 현상에서 상승하여 구름을 만드는 공기는 100m에 0.5℃씩 온도가 내려갑니다. 반면 산을 내려가는 공기는 100m에 1℃씩 온도가 올라가지요. 따라서 하강하는 공기의 온도가 더 높습니다.

【날씨의 변화】

Q. 17

난이도 ★★ 중요도 ★★

서쪽으로 진행하던 태풍이 갑자기 방향을 바꿔 일본으로 접근하는 이유는?

힌트

태풍의 진로는 다양하지만, 서쪽으로 진행하다가 급격히 방향을 바꿔 일본으로 접근하는 경우가 많답니다.

A. [태풍이 갑자기 방향을 바꿔 일본에 접근하는 이유] 북태평양 고기압의 가장자리를 돌다가 편서풍을 만나 이를 타고 이동하기 때문입니다.

열대 해상에 있는 대량의 수증기에서 발생한 열대 저기압은 태풍이 됩니다. 태풍은 처음에는 서쪽을 향해 이동합니다. 그후 북태평양 고기압을 끼고 돌듯이 북으로 방향을 바꿉니다. 그렇게 일본 열도 부근과 가까워지다가 편서풍을 만나면 이를 타고 방향을 동쪽으로 바꾸어 일본에 접근하는 것이지요.

- 태풍은 열대 저기압이 발달한 것입니다.
- 태풍의 진로는 북태평양 고기압과 편서풍의 영향을 받습니다.

함께 알아 둬요! [태풍의 구조]

열대 저기압과 태풍의 차이가 뭔가요?

열대 지방의 해상에서 발생한 열대 저기압 중 **최대 풍속이 17m/s**를 넘는 것을 태풍이라고 한단다.

그럼 흔히 말하는 '태풍의 눈'은 뭔가요?

태풍 중심부의 날씨가 맑은 부분을 말하는 거야. 위에서 보면 눈처럼 보이지.

왜 거기만 날씨가 맑은 거예요?

중심부에는 하강 기류가 생겨 구름이 생기지 않기 때문이야. 그 주변은 적란운으로 둘러싸여 있지.

태풍 주위에는 같은 세기의 바람이 부나요?

태풍 진행 방향의 오른쪽은 태풍이 진행하는 속도가 더해져 풍력이 더 커져. 그래서 오른쪽에 있는 지역은 더욱 조심해야 해.

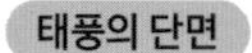

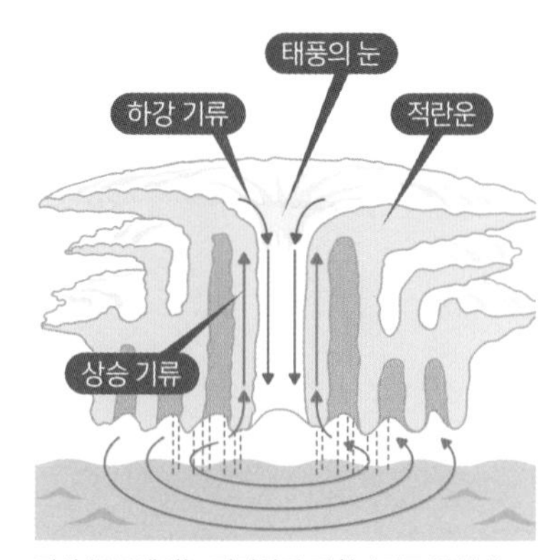

지상 부근에서는 저기압과 마찬가지로 반시계 방향으로 바람이 붑니다.

⊘한 걸음 더 태풍의 진로는 여름부터 가을까지 북태평양 고기압의 세력이 약해지면서 조금씩 변화해요.

【태양계】

Q. 18

난이도 ★ 중요도 ★

태양, 달, 별이 모두 **동쪽**에서 뜨고 **서쪽**으로 지는 이유는?

움직이는 차 안에서 바깥을 보면 풍경이 움직이는 것처럼 보이죠. 차가 움직이기 때문에 그렇게 보이는 건데….

[태양, 달, 별이 동쪽에서 뜨고 서쪽으로 지는 이유]

지구가 서쪽에서 동쪽으로 하루에 한 바퀴씩 돌기 때문입니다.

지구는 북극과 남극을 잇는 축(자전축)을 중심으로 서쪽에서 동쪽으로 회전합니다. 이것을 자전이라고 하지요. 그래서 지구 위에 서 있는 사람이 보면 태양, 달, 별이 동쪽에서 서쪽으로 움직이는 것처럼 보이지요. 지구의 회전에 따라 천체가 하루에 한 번 지구 주위를 도는 것처럼 보이는 움직임을 일주 운동이라고 합니다.

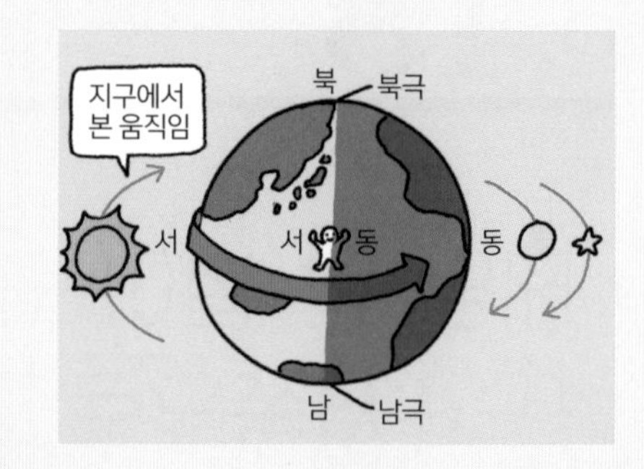

- 지구는 자전축을 중심으로 서쪽에서 동쪽으로 하루에 한 바퀴 돕니다.
- 지구의 자전에 따라 천체는 동쪽에서 서쪽으로 일주 운동을 합니다.

함께 알아 둬요! [천체의 움직임]

태양이나 별이 한 시간 동안 얼마나 움직이는 것으로 보일까? 이건 간단하게 계산할 수 있단다.

어떻게요?

지구가 자전하기 때문에 지구 위에서는 천체가 회전하는 것처럼 보이지. 그걸 한 시간 동안 움직이는 각도로 나타내 볼까? 지구가 1회전(360°) 하는 데 24시간이 걸리니까 360÷24=15라는 답을 구할 수 있지. 한 시간에 15°씩 움직인다고 할 수 있겠네.

그렇군요. 달도 마찬가지인가요?

달은 스스로 지구 주위를 약 한 달이라는 시간에 걸쳐 돌고 있어서 그렇게 단순하게 계산할 수 없어. 하지만 대략 한 시간에 15°씩 움직인다고 생각해도 된단다.

태양의 일주 운동(한 시간당 움직임)

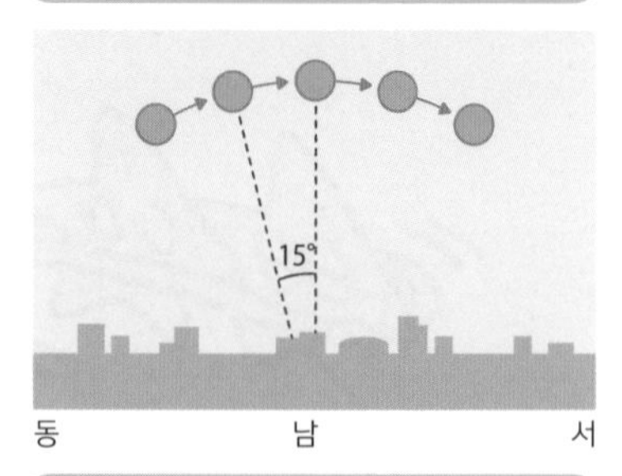

별의 일주 운동(한 시간당 움직임)

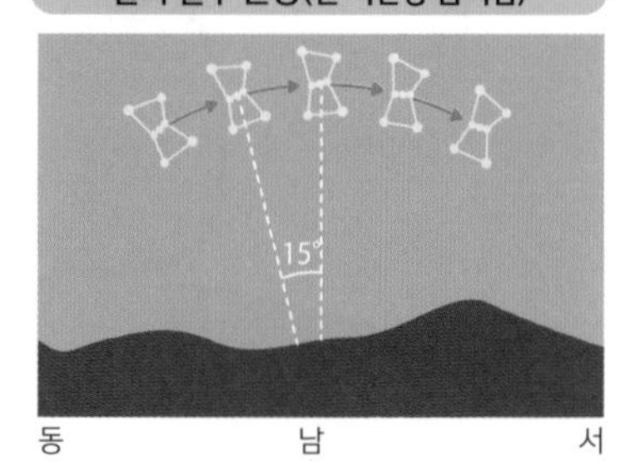

【태양계】

Q. 19

난이도 ★　　중요도 ★★

북쪽 하늘에 **움직이지 않는 별**이 있어요. 왜 움직이지 않을까요?

그 별은 북극성이랍니다. 옛날부터 방위를 알려 주는 지표로 이용했지요. 지구의 자전을 생각해 보세요!

A. [북쪽 하늘에 움직이지 않는 별이 있는 이유]
자전축의 연장선 위에 있는 별은 지구가 자전해도 움직이지 않는 것처럼 보이기 때문입니다.

지구는 북극과 남극을 잇는 자전축을 중심으로 자전합니다. 북극에서 자전축을 연장한 곳에 북극성이 있어요. 이 때문에 지구에서 관측하면 북극성 주위의 별은 시간이 지나면 회전하지만, 북극성만은 정지해 있는 것처럼 보이지요.

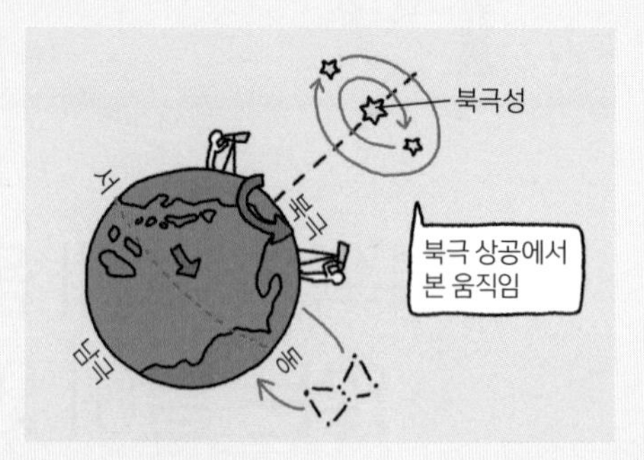

• 북극성은 자전축의 연장선 위에 있어서 움직이지 않는 것처럼 보입니다.

함께 알아 둬요! [동서남북 하늘의 별의 움직임]

우리나라에서는 어느 쪽을 보더라도 별의 움직임이 같나요?

별들은 지구의 자전 때문에 동쪽에서 서쪽으로 이동하는 것처럼 보여.
동쪽 하늘에서는 오른쪽 위를 향해 올라가고, 서쪽 하늘에서는 오른쪽 아래를 향해 저물어 가지.

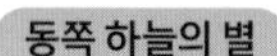

남쪽 하늘은요?

동쪽에서 서쪽으로 별들이 지표면과 나란하게 완만한 곡선을 그리며 움직여.

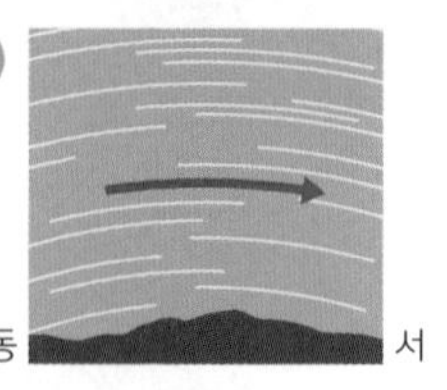

북쪽 하늘은요?

북쪽 하늘의 별은 자전축의 연장선에 가깝기 때문에 북극성을 중심으로 반시계 방향으로 회전하는 것처럼 보인단다.

움직이는 속도는 같은가요?

어느 방향의 하늘을 보더라도 한 시간에 15°씩 두 시간이면 30°가 움직이는 것은 마찬가지야.

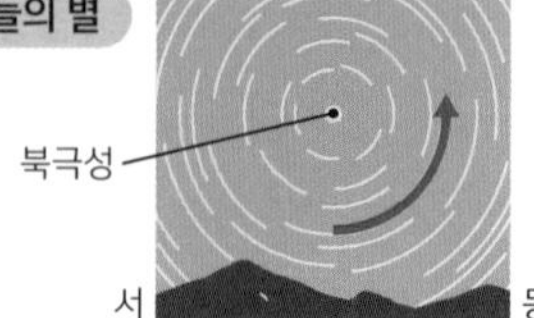

【태양계】

Q. 20

난이도 ★★★ 중요도 ★★★

지평선에 **별자리**가 보이기 시작하는 시각이 **계속 바뀌는 이유**는?

힌트

별자리의 움직임이 달라지는 게 아니랍니다.
지구의 움직임에 원인이 있지요.

[지평선에 별자리가 보이기 시작하는 시각이 달라지는 이유]

지구의 공전 때문입니다. 그래서 별자리가 보이기 시작하는 위치에 지구가 오는 시각이 바뀌는 것이죠.

지구는 태양의 주위를 일 년 주기로 공전합니다. 지구가 이동하기 때문에 오리온자리가 동쪽 하늘에 나타나는 시각은 9월에는 한밤중이지만, 12월에는 저녁 무렵으로 빨라집니다.
한 달에 약 두 시간, 하루에 약 4분 정도 빨리 보이게 된다고 하네요.

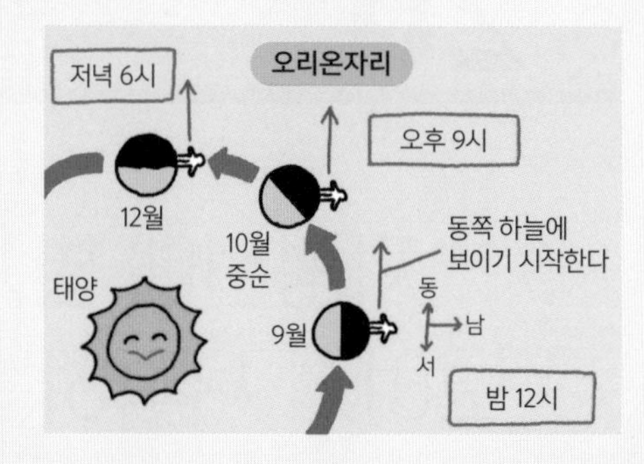

- 지구는 태양 주위를 일 년에 한 바퀴 공전합니다.
- 특정 별자리가 같은 위치에 보이는 시각은 한 달에 약 두 시간 정도씩 빨라집니다.

함께 알아 둬요! [별의 연주 운동]

 별의 연주 운동이 뭐예요?

 지구의 공전 때문에 별이 조금씩 이동하여 일 년이 지나면 다시 원래의 위치에 돌아가는 것을 뜻하는 말이야.

 별이 어떻게 움직이는데요?

 같은 시각에 보이는 별자리의 별들은 한 달에 약 30°씩 서쪽으로 움직인단다.

 한 달에 30°씩 열두 달이면 360°가 되어 원래의 자리로 돌아오는 거네요.

 북쪽 하늘에서는 북극성 주위를 약 30°씩 반시계 방향으로 돌면서 움직이지.

 그런데 별은 일주 운동으로 한 시간에 15°씩 움직이잖아요?

 맞아. 두 운동 모두 별이 움직이는 방향은 같기 때문에 연주 운동으로 한 달 뒤 같은 시각에 별이 보이는 위치와 일주 운동으로 두 시간 뒤에 보이는 위치는 같겠지.

매달 같은 시각 오리온자리의 위치

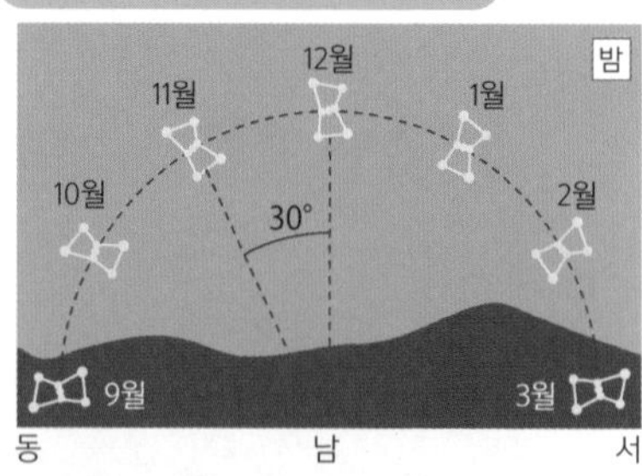

매달 같은 시각 북두칠성의 위치

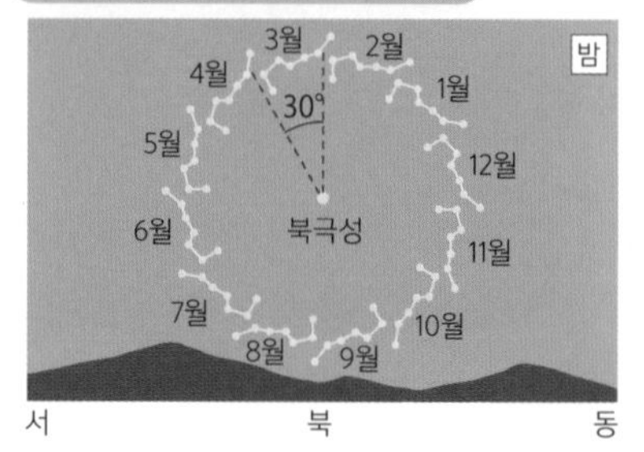

【태양계】

Q. 21

난이도 ★★ 중요도 ★★

여름에는 왜 오리온자리가 보이지 않을까요?

힌트

별이 없어지는 건 아닐 텐데… 지구의 공전 때문일까요?

A. [여름에 오리온자리가 보이지 않는 이유]
지구에서 보면 태양이 있는 방향에 오리온자리가 있기 때문입니다.

지구는 일 년에 걸쳐 태양 주위를 공전합니다. 여름(6월)에는 지구가 태양을 사이에 두고 오리온자리와 마주하게 됩니다.
이 때문에 태양과 같은 방향에 있는 오리온자리는 태양의 빛에 가려 보이지 않게 되지요.

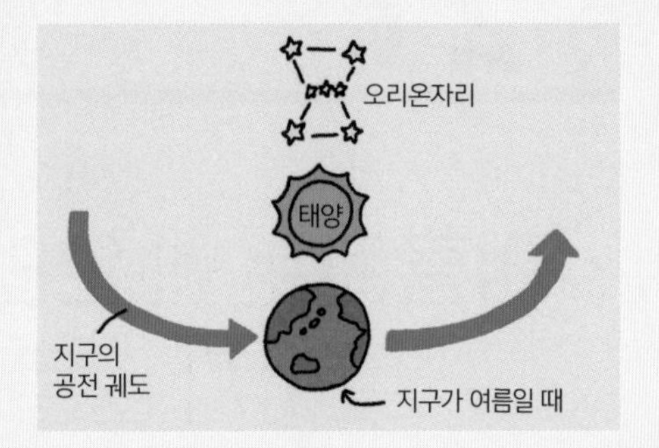

- 지구에서 볼 때 태양 방향에 있는 별자리는 보이지 않습니다.
- 지구의 공전에 의해 별자리는 이동합니다.

함께 알아 둬요! [사계절 별자리]

 여름에 오리온자리가 보이지 않는 것은 알겠어요. 다른 계절에는요?

 각 계절에 지구에서 볼 때 태양 방향에 있는 별자리는 보이지 않아. 태양 방향은 지구의 낮이 되기 때문이야.

 태양과 반대쪽에 있는 별자리는 밤 동안은 계속 볼 수 있는 거죠?

 그렇지. 태양의 정반대 쪽에 있는 별자리는 저녁에 동쪽에서 뜨고, 밤에 정남 쪽으로 오며 날이 밝을 무렵에는 서쪽으로 진단다.

 다른 별자리들은요?

 그림을 보고 여름밤에 보이는 별자리를 생각해 볼까. 정남 쪽에 전갈자리, 동쪽에 물병자리, 서쪽에 사자자리가 보일 거야.

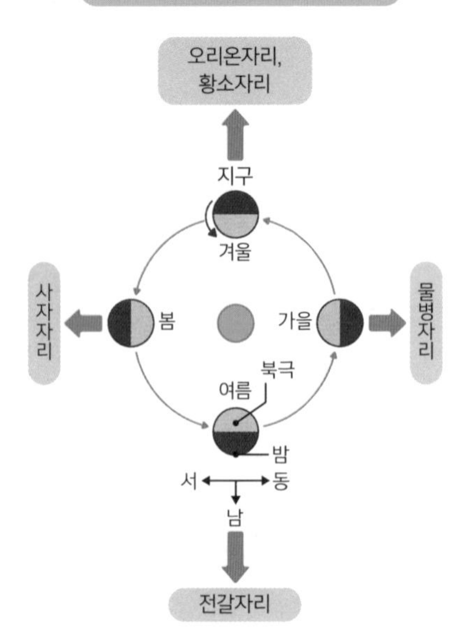

【태양계】

Q. 22

난이도 ★★ 중요도 ★★

태양의 고도가 여름에 높아지고 겨울에 낮아지는 이유는?

만약 지구의 자전축이 공전 궤도면에 대해 수직이라면 태양의 높이는 일 년 내내 변하지 않겠죠.

[태양의 고도가 여름에는 높고, 겨울에는 낮은 이유]

자전축이 기울어진 채로 지구가 공전하기 때문입니다.

지구는 자전축이 23.4° 기울어진 채로 공전합니다. 이 때문에 여름에는 북반구가 태양 쪽으로 기울어 태양의 남중고도가 높아지고, 낮의 길이가 길어집니다. 반대로 겨울에는 태양의 반대쪽으로 기울어 남중고도가 낮아지고, 낮의 길이가 짧아집니다.

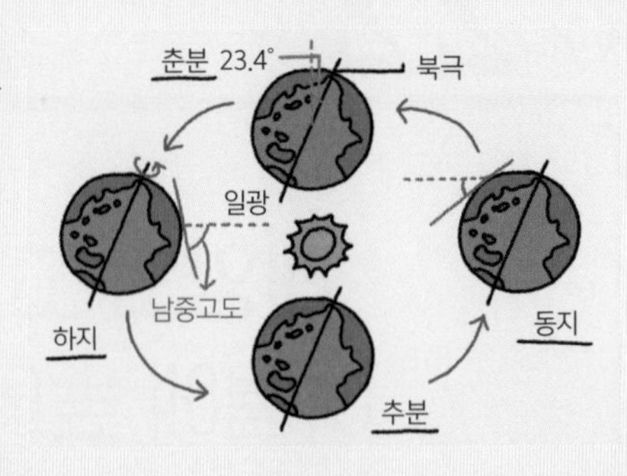

- 지구는 자전축이 23.4° 기울어진 상태로 공전합니다.
- 이 때문에 태양의 남중고도가 바뀌면서 계절의 변화가 생깁니다.

함께 알아 둬요! [태양의 남중고도를 구하는 방법]

남중고도가 뭐예요?

태양이 하늘의 정남 방향으로 가장 높아지는 때가 남중이야. 이때 지평선과 태양이 만드는 각도를 남중고도라고 해.

그렇군요. 그러면 남중고도는 어떻게 구하나요?

우선 춘분, 추분에는 태양 쪽으로 자전축이 기울어져 있지 않기 때문에 '90°-위도'로 간단하게 구할 수 있어.

그러네요. 간단해요! 다른 때에는요?

하지인 날은 자전축이 태양 쪽으로 23.4° 기울어져 있기 때문에 '춘분, 추분인 날의 남중고도 +23.4°'로 기억하면 되겠네. 반대로 동지는 '춘분, 추분의 남중고도 - 23.4°'겠지.

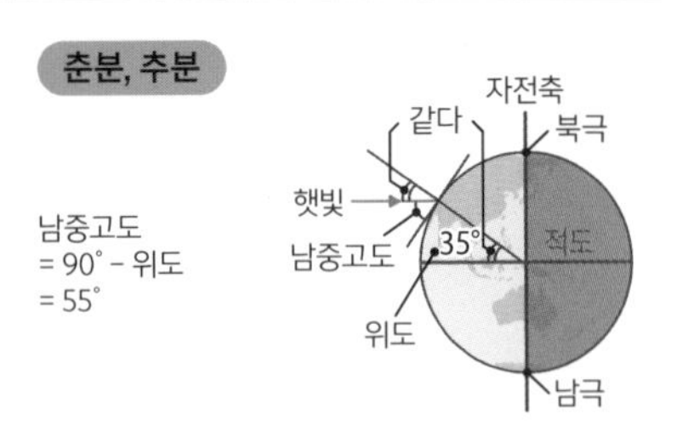

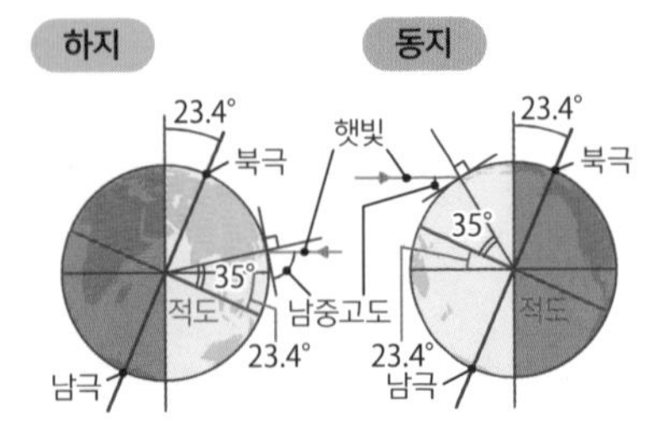

남중고도
= 90° - 위도 + 23.4°
= 78.4°

남중고도
= 90° - 위도 - 23.4°
= 31.6°

【태양계】

Q. 23

난이도 ★★ 중요도 ★★

달은 왜 매일 모양이 바뀌나요?

달의 모양이 실제로 바뀌지는 않아요. 밝게 빛나는 부분이 우리 눈에 달의 모양으로 보이는 거죠.

[달의 모양이 바뀌는 이유]

달이 태양 빛을 반사하면서 지구 주위를 공전하기 때문입니다.

달은 약 한 달에 걸쳐 지구 주위를 공전합니다. 이 때문에 달, 지구, 태양의 위치 관계가 바뀌지요. 달의 위치 변화에 따라 달이 빛을 받아 빛나는 면의 모양도 바뀝니다. 달은 초승달 → 반달 → 보름달로 모양이 바뀌어 갑니다.

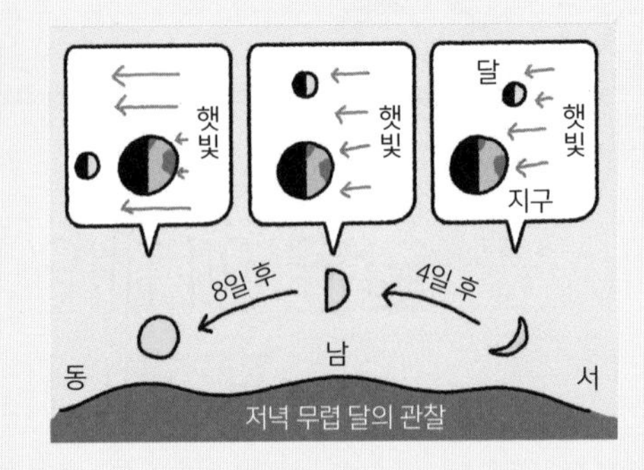

- 달은 지구 주위를 공전합니다.
- 보름달에서 다음 보름달이 되기까지 약 29.5일이 걸립니다.

함께 알아 둬요! [달의 공전과 모양의 변화]

달은 어느 방향으로 공전하나요?

달은 지구의 북극 방향에서 볼 때 **반시계 방향**으로 돌고 있지. 달의 위치에 따라 '초승달 → 상현달 → 망(보름달) → 하현달 → 삭'의 순서로 모양이 바뀐단다.

그럼, 달의 모양을 보면 달이 어디에 있는지 알 수 있겠네요?

맞아. 상현달은 저녁에 정남 쪽에, 보름달은 한밤중에 정남 쪽에, 하현달은 새벽녘에 정남 쪽에 있지.

그런데 우리가 보는 달의 무늬는 언제나 같나요?

그렇단다. 달도 자전하는데, 자전 주기와 공전 주기가 완전히 같아. 즉, 항상 달의 같은 면이 지구를 향하고 있는 거야. 그러니 보이는 무늬도 같지.

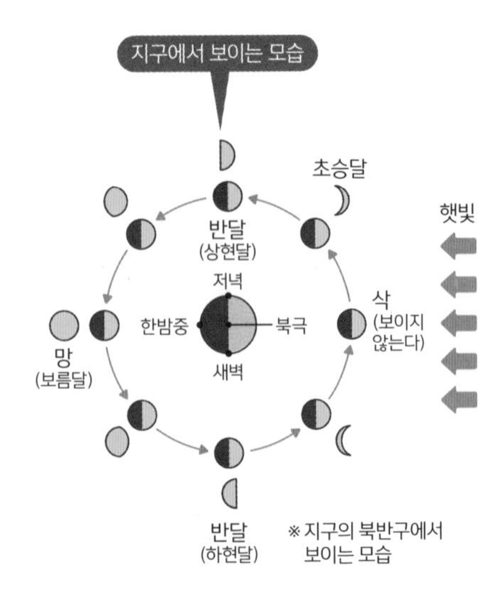

【태양계】

Q. 24

난이도 ★★ 중요도 ★★

달은 태양보다 훨씬 작은데 왜 **일식**이 일어날 때 **태양**이 달에 가려지나요?

일식은 태양과 지구 사이에 달이 들어가 태양이 달에 가려지는 현상이지요. 달과 태양의 크기, 이들과 지구 사이의 거리를 생각해 보세요.

[달이 태양보다 작은데 일식이 일어날 때 태양이 달에 가려지는 이유]

태양이 훨씬 멀리 있어 달과 비슷한 크기로 보이기 때문입니다.

태양의 지름(약 140만km)은 달의 지름(약 3500km)의 약 400배입니다. 지구에서 태양까지의 거리(약 1억 5000만km)는 지구에서 달까지의 거리(약 38만km)의 약 400배입니다. 이 때문에 지구에서 보기에는 달과 태양이 거의 같은 크기가 되어 일식이 일어날 때 겹쳐 보이게 되지요.

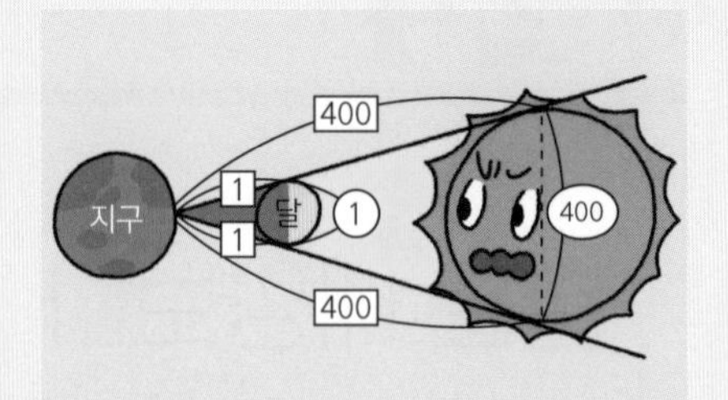

달과 지구 사이의 삼각형, 태양과 지구 사이의 삼각형은 서로 닮은꼴이므로 겹쳐 보입니다.

• 일식은 지구, 달, 태양의 위치가 '지구-달-태양'의 순서로 일직선이 될 때 태양이 달에 가려지는 현상입니다.

함께 알아 둬요! [일식, 월식과 달의 위치]

 일식은 태양이 달에 가려지는 현상이잖아요. 그럼 월식은요?

 지구, 달, 태양이 '달-지구-태양' 순으로 일직선에 놓여서 지구의 그림자에 달이 들어가는 현상이야. 달이 어두워져 보이지 않게 되지.

 일식과 월식은 언제 일어나나요?

 두 가지 모두 이들이 일직선 위에 놓일 때 일어나. 하지만 일식은 달이 삭일 때의 위치에서, 월식은 달이 보름일 때의 위치에서 일어난단다.

 그럼 달의 공전 주기가 약 한 달이니까 매달 일어날까요?

 아니, 달의 공전 궤도는 지구의 공전 궤도에 비해 5° 정도 기울어져 있기 때문에 그렇게 자주 일어나지는 않아.

일식과 월식이 일어나는 위치

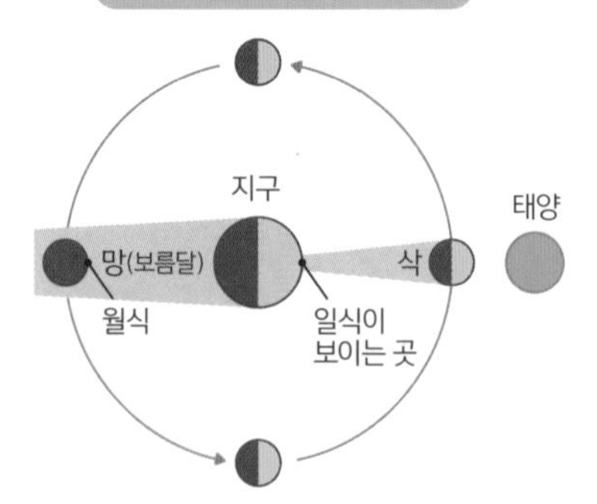

지구와 달의 공전 궤도

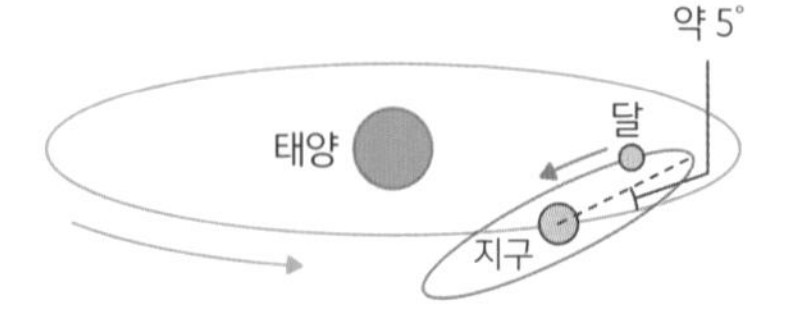

【태양계】

Q. 25

난이도 ★★ 중요도 ★★

금성이 저녁이나 새벽에만 보이는 이유는?

금성은 지구보다 안쪽으로 도는 행성입니다.
태양과의 거리가 중요하답니다!

[금성이 저녁이나 새벽에만 보이는 이유]

지구에서 볼 때 금성이 항상 태양과 비슷한 방향에 있기 때문입니다.

금성은 지구보다 안쪽에서 공전하는 내행성입니다. 금성은 태양과의 거리가 가깝기 때문에 지구에서는 태양이 진 직후나 태양이 뜨기 직전에만 금성을 관찰할 수 있습니다. 초저녁의 서쪽 하늘에 보이는 금성은 태양의 왼쪽에, 새벽녘의 동쪽 하늘에 보이는 금성은 태양의 오른쪽에 위치한 것이지요.

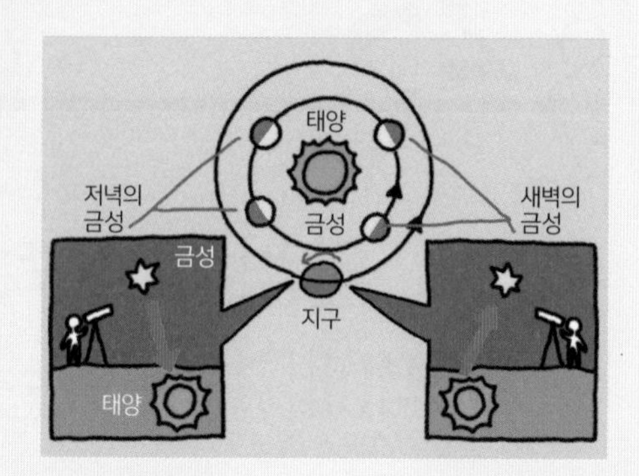

- 지구보다 안쪽에서 공전하는 행성을 내행성이라고 합니다.
- 금성은 내행성이기 때문에 저녁과 새벽 이외에는 관찰할 수 없습니다.

함께 알아 둬요! [금성의 모양 변화]

금성은 지구와 같은 행성이죠?

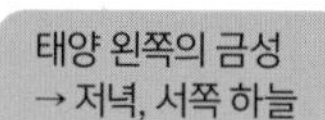

그렇지. 지구와 마찬가지로 태양 주위를 도는 행성이야. 천체 망원경을 사용하면 매일 모양이 달라지는 것을 관찰할 수 있단다.

네? 모양이 바뀌어요?

달처럼 찼다 안 찼다를 반복하지. 모양뿐만이 아니야. 크기도 바뀐단다.

왜 그렇죠?

지구와 거리가 가까울수록 크게 보이거든. 금성도 우리 눈에 달과 마찬가지로 태양의 빛을 반사한 부분이 보이는 거니까 지구에 가까워질수록 커 보인단다. 그러니 초승달 모양일 때가 가장 커 보이겠지?

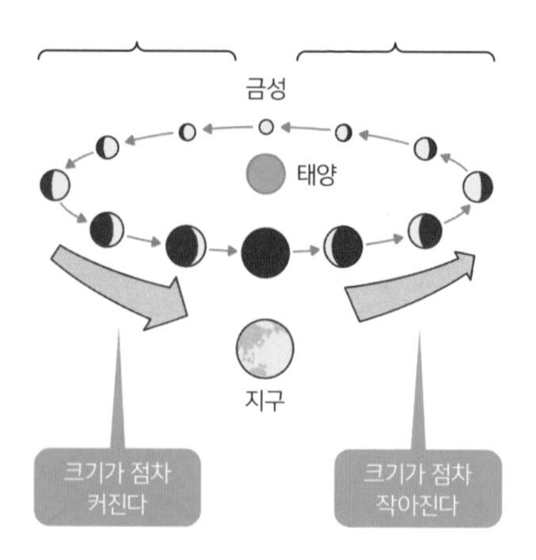

⊘한 걸음 더 금성과 태양이 가장 멀리 떨어질 때, 금성은 반달 모양으로 보입니다.

【태양계】

Q. 26

난이도 ★　　중요도 ★★

태양이 구 형태의 입체라는 것을 어떻게 알 수 있나요?

태양을 천체 망원경으로 계속 관찰하면 보이는 것이 있어요!

[태양이 구 형태를 띤다는 것을 어떻게 알았을까?]

태양의 흑점이 끝으로 이동하면 가늘고 길게 보이기 때문입니다.

태양의 흑점은 주위보다 온도가 낮아서 검게 보입니다.
이 흑점을 며칠 동안 관찰해 보면 흑점이 왼쪽 끝에 있을 때는 가늘고 길다가 중앙으로 오면 둥글어지고, 오른쪽 끝으로 가면 다시 가늘고 길어집니다. 이 때문에 흑점이 구의 표면에 있다는 사실을 알 수 있지요.

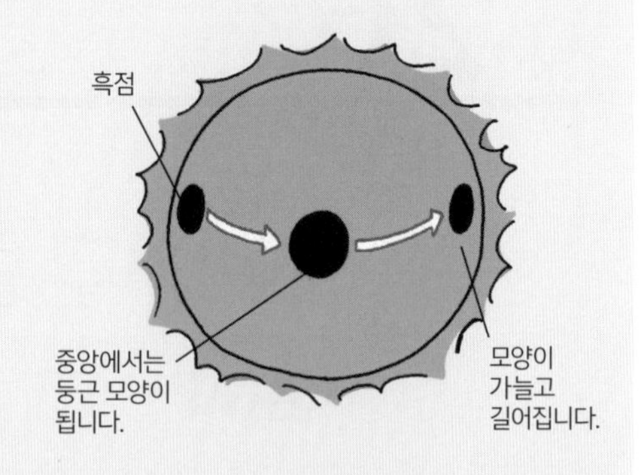

- 태양의 흑점은 주위보다 온도가 낮습니다.
- 흑점의 이동으로 태양이 구 모양의 입체라는 사실을 알 수 있습니다.

함께 알아 둬요! [태양의 자전]

흑점을 통해 알 수 있는 사실이 또 있나요?

흑점은 움직이고 있잖니.

네, 그런데요?

지구에서 볼 때 왼쪽에서 오른쪽으로 이동하잖아. 그러니 태양 자체가 회전하고 있다는 사실을 알 수 있지.

그렇군요. 그럼 태양이 자전한다고 말할 수 있네요.

맞아. 태양은 지구 북극 쪽에서 볼 때 반시계 방향으로 자전하고 있어. 한 바퀴 도는 데 걸리는 기간은 27~30일 정도란다.

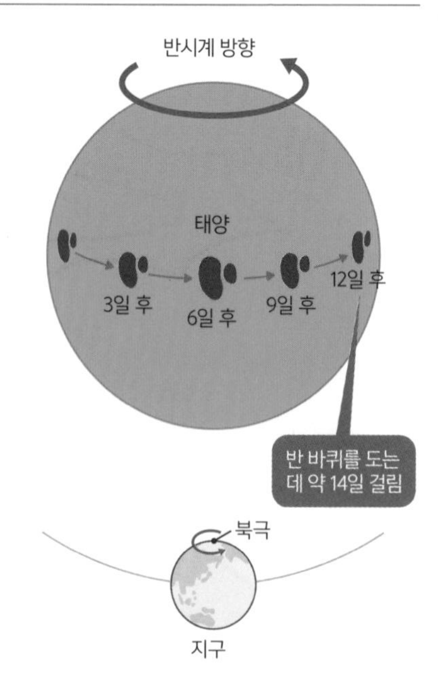

⊘한 걸음 더 태양이 구 모양이라는 사실은 주변부에서 흑점이 이동하는 속도가 느려지는 것으로도 알 수 있습니다.

실력이 늘었는지 확인해 볼까요!

【지구과학】 확인 테스트

◉ 정답은 231쪽에

1 그림은 화성암의 구성을 나타낸 것입니다. 다음 각 물음에 답하세요.

(1) 화강암의 구성을 나타낸 것은 A, B 중 무엇일까요?
〔　　　　〕

(2) A의 a와 b 부분의 이름을 써 보세요.
a〔　　　　〕
b〔　　　　〕

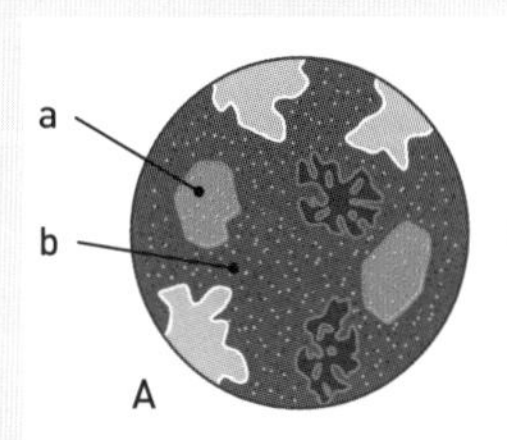

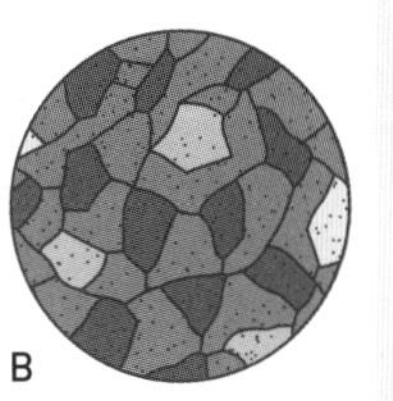

(3) A, B의 구성을 가진 화성암의 이름과 그에 맞는 조직의 이름을 적절하게 짝지은 것을 보기) **가~라** 중에서 골라 기호로 답하세요. 〔　　　　〕

보기)

	화성암의 이름		조직의 이름	
가.	A : 심성암	B : 화산암	A : 반상 조직	B : 등립상 조직
나.	A : 심성암	B : 화산암	A : 등립상 조직	B : 반상 조직
다.	A : 화산암	B : 심성암	A : 반상 조직	B : 등립상 조직
라.	A : 화산암	B : 심성암	A : 등립상 조직	B : 반상 조직

(4) 화강암은 어떻게 만들어지나요? 간단히 설명해 보세요.
〔　　　　　　　　　　　　　　　　〕

2 다음 표는 지진을 각각 다른 지점 A, B, C에서 관측한 결과입니다. 다음 각 물음에 답하세요.

(1) S파로 인해 생기는 진동을 무엇이라고 할까요?
〔　　　　〕

(2) 지점 B에서의 초기 미동 시간을 구하세요.
〔　　　　〕

지점	진원까지 거리	P파가 도착한 시각	S파가 도착한 시각
A	16km	7시 45분 14초	7시 45분 16초
B	40km	7시 45분 17초	7시 45분 22초
C	56km	7시 45분 19초	7시 45분 26초

(3) P파, S파의 속도는 각각 몇 km/s일까요?
P파〔　　　　〕 S파〔　　　　〕

(4) 해구형 지진은 어떤 때에 일어날까요? 간단히 설명해 보세요.
〔　　　　　　　　　　　　　　　　〕

3 그림은 어떤 지점에서 전선이 통과한 날의 기온, 습도 변화를 조사한 것입니다. 다음 각 물음에 답하세요.

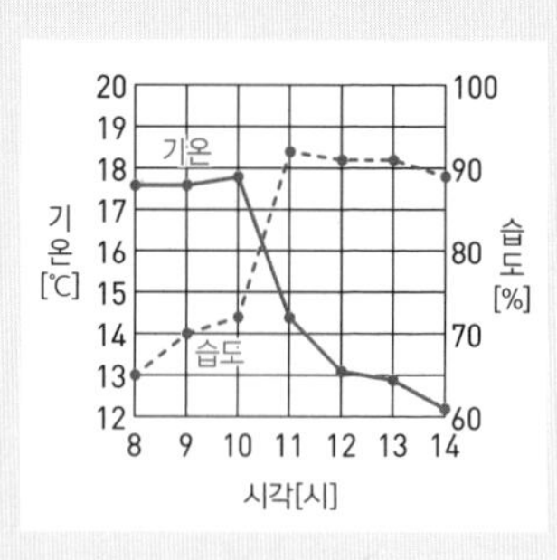

(1) 전선을 동반하는 것은 저기압, 고기압 중 어느 쪽일까요?

〔 〕

(2) 이때 통과한 전선의 이름은 뭘까요?

〔 〕

(3) (2)의 전선이 통과한 때는 몇 시쯤일까요? 보기) **가~바**에서 맞는 것을 골라 기호로 답하세요. 〔 〕

보기) **가.** 8시~9시 **나.** 9시~10시
다. 10시~11시 **라.** 11시~12시
마. 12시~13시 **바.** 13시~14시

(4) (2)의 전선에 발생하며 큰비를 동반하는 구름의 이름은 무엇인가요?

〔 〕

(5) 우리나라 일대의 기상 현상은 대부분 서쪽에서 동쪽 방향으로 변화합니다. 그 이유를 '편서풍'이라는 단어를 사용하여 간단히 설명해 보세요.

〔 〕

4 그림은 태양의 주위를 공전하는 지구의 모습과 별자리의 위치를 나타낸 것입니다. 다음 각 물음에 답하세요.

(1) 지구의 공전 방향은 **가, 나** 중 어느 쪽일까요?

〔 〕

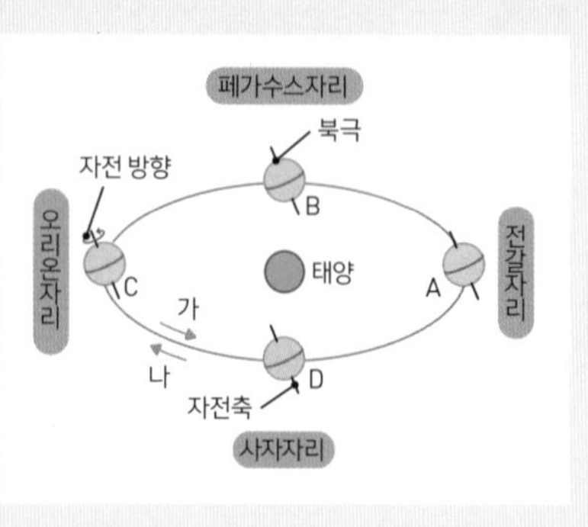

(2) 춘분일 때 지구의 위치는 **A~D** 중 어느 것일까요?

〔 〕

(3) 오른쪽 그림의 별자리 중에서 하지 때는 종일 볼 수 없는 것은 무엇인가요?

〔 〕

실수 주의

(4) 해가 뜰 무렵 전갈자리가 남중하는 것은 지구가 **A~D** 중 어느 위치에 있을 때일까요?

〔 〕

(5) 지구는 자전축이 기울어진 상태로 공전하지요. 계절이 변화하는 이유를 '남중고도'라는 말을 사용해 설명해 보세요.

〔 〕

【지구과학】 

원리를 찾는 다섯 가지 질문

지구과학을 더 깊이 알아보자!

열심히 할게요!

Q. 01

지진이 나면 발표되는 '진도'와 '규모'는 어떻게 다른가요?

진도는 장소별로 발표되는데, 규모는 어떤가요?

Q. 02

에베레스트산 정상 부근에서 바다 생물의 화석이 발견되는 이유는?

히말라야산맥의 생성 과정에 비밀이…

A. 01 '진도'는 각 지역의 흔들림의 정도, '규모'는 지진이 발생할 때 방출된 에너지의 양을 나타냅니다.

해설 한 관측점에서 **지진으로 인한 흔들림의 정도(크기)**는 **진도**로 표시합니다. 일본 기상청에서는 진도를 0~7까지 분류합니다. 일반적으로 진앙(진원 바로 위 지표 지점)에서 멀어질수록 진도는 작아집니다. **지진의 규모는 지진 에너지의 양을 나타내는 수치**로, 1이 커질 때 지진의 에너지는 약 32배가 됩니다.

2011년 발생했던 동일본 대지진은 규모가 9.0이고 최대 진도가 7이나 되었답니다.

A. 02 에베레스트산을 포함한 히말라야산맥은 원래 해저였던 곳이 밀려 올라가 생긴 것이기 때문입니다.

해설 지금의 인도반도는 판의 이동으로 4천만~5천만 년 전에 유라시아 대륙에 충돌했다고 추정됩니다. **인도반도가 북상하여 유라시아 대륙과 인도반도 사이에 있던 해저가 밀려 올라가 히말라야산맥이 형성되었습니다.** 이 때문에 해저 지층이 수천 미터나 되는 높은 곳에서 발견되는 것이지요.

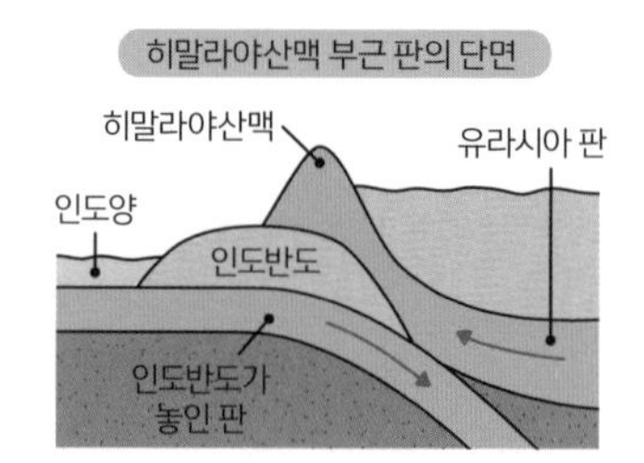

일 년 동안 1mm만 융기해도 오랜 세월이 지나면 상당한 높이가 된단다. 인도반도의 북상은 아직 진행 중이야.

히말라야산맥은 판의 경계에 있으니 지진도 자주 발생하겠네요.

Q. 03

열대 저기압(태풍)은 왜 온대 저기압처럼 전선을 동반하지 않나요?

전선은 찬 기단과 따뜻한 기단이 만나는 곳에 생기지요.

Q. 04

해안가에서는 맑은 날 아침이나 저녁에 바람이 멈출 때가 있는데 왜 그럴까요?

해안가에는 해풍이나 육풍이 분다고 했는데….

Q. 05

홋카이도와 오키나와에 설치된 태양광 발전용 패널의 기울어진 정도가 서로 다른 이유는?

기울기는 일부러 조절해 둔 것이랍니다.
홋카이도에 설치한 패널의 기울기가 더 크지요.

A. 03 열대 저기압은 찬 기단과 따뜻한 기단이 만나지 않는 열대의 해상에서 발생하기 때문입니다.

해설 **찬 기단과 따뜻한 기단이 만나는** 전선 위에 저기압이 발생하면 **한랭 전선**과 **온난 전선**을 동반하는 온대 저기압이 됩니다. 한편 열대 저기압(태풍)은 **열대 지방의 해면에서 대량의 수증기**가 상승하여 발생하기 때문에 전선을 동반하지 않아요.

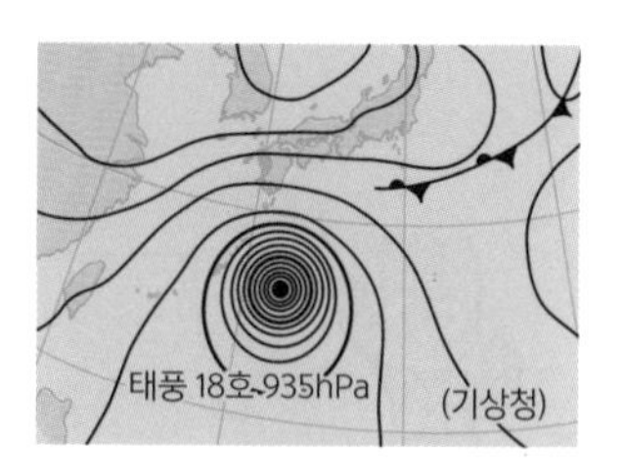

A. 04 아침이나 저녁은 해풍과 육풍의 방향이 바뀌는 시간대이기 때문입니다.

해설 맑은 날의 낮이나 밤은 **육상과 해상에서 온도 차이가** 생겨 낮에는 바다 ⇨ 육지 방향으로 해풍이 붑니다. 밤에는 육지 ⇨ 바다 방향으로 육풍이 불어요. (→196쪽) **아침이나 저녁에는 해풍과 육풍의 바람 방향이 바뀌면서** 바람이 멎고 물결이 잔잔해집니다.

육지는 바다보다
쉽게 데워지고,
쉽게 식지요.
바람은 추운 쪽에서
따뜻한 쪽을 향해
분답니다.

A. 05 위도에 따라 태양광을 효율적으로 받아들일 수 있는 각도가 다르기 때문입니다.

해설 태양광 발전용 패널은 **태양 빛과 수직에 가까운 각도**가 되도록 설치하면 좋습니다. 그래서 저위도 지방은 패널을 그다지 가파르게 세우지 않아도 되지만, 고위도 지방일수록 패널을 가파르게 세우게 되지요.

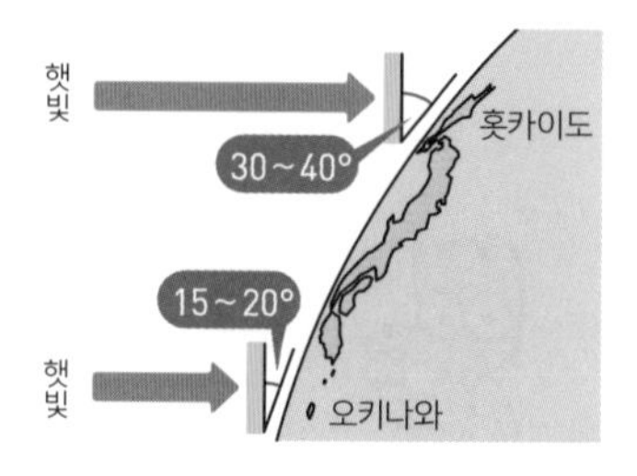

생물 p.059~060

1 (1) 엽록체
(2) A: 이산화탄소 B: 산소
(3) 기공
(4) 물에 잘 녹는 물질, 체관

2 (1) ① 다 ② 가 ③ 나, 라
(2) A
(3) ex. 표면적이 매우 커져 효율적으로 양분을 흡수할 수 있다.

3 (1) 생식 세포
(2) 둥근형
(3) 오른쪽 그림
(4) ex. 부모와 완전히 같은 유전자를 가지기 때문이다.

A a

4 (1) 먹이 사슬
(2) A: 다 C: 나
(3) 생물 E
(4) ex. 생물 A는 증가하고 생물 C는 감소한다.

해설

1 (4) 녹말은 물에 잘 녹지 않기 때문에 물에 잘 녹는 물질로 바뀌어 체관을 통해 온몸으로 운반된다.

2 (2) A는 모세 혈관, B는 암죽관(림프관)이다. 아미노산이나 포도당은 모세 혈관으로 들어가고 지방산과 모노글리세리드는 융털 안에서 다시 지방이 되어 암죽관(림프관)으로 들어간다.
(3) 수많은 융털 덕분에 사람의 소장 내벽의 표면적은 테니스 코트 면적과 비슷하다.

3 (3) 부모에게서 염색체를 하나씩 받으므로 유전자 조합은 Aa가 된다.
(4) 유성 생식에서는 부모의 유전자를 반씩 물려받으므로 부모와 다른 형질이 나타나기도 한다.

4 (2) 먹이 사슬 순서대로 늘어놓으면 벼 → 메뚜기 → 개구리 → 뱀 순이다.
(3) 사체나 똥과 같은 배설물을 먹는 흙 속의 작은 동물(지렁이 등)이나 균류·세균류를 분해자라고 한다.
(4) 생물 B가 감소하면 생물 B의 먹이가 되는 생물 A가 늘어나고, 생물 B를 먹는 생물 C는 감소한다.

화학 p.105~106

1 (1) 증류
(2) ex. 갑자기 끓어 넘치는 것을 방지하기 위해서이다.
(3) 끓는점의 차이
(4) A
(5) ex. 에탄올은 끓는점이 물의 끓는점보다 낮아 먼저 기체가 되기 때문이다.

2 (1) ① 석회수 ② 푸른 염화코발트 종이
(2) 수상 치환
(3) ex. 생성된 물이 가열하는 쪽으로 흘러 들어가 시험관이 깨지는 것을 방지하기 위해서이다.
(4) $2NaHCO_3 \rightarrow Na_2CO_3 + H_2O + CO_2$

3 (1) 나
(2) ex. 모든 구리가 산소와 화합했기 때문이다.
(3) 0.1g (4) 4:1 (5) 1.5g

4 (1) 노란색
(2) ① 수소 이온 ② 수산화 이온
(3) NaCl
(4) ex. 수용액 속에 이온이 있어서 전류가 흐른다.

해설

1 (4)(5) 에탄올은 끓는점(78℃)이 물의 끓는점(100℃)보다 낮으므로 물과 에탄올의 혼합물을 가열할 때

처음에 나오는 기체 속에 에탄올이 많이 함유되어 있다.

2 (1) ① 이산화탄소는 석회수를 뿌옇게 만든다.

② 푸른 염화코발트 종이가 물을 만나면 붉은색으로 변한다.

(3) 물이 가열하는 쪽으로 흐르면 시험관이 갑자기 식어 깨질 수도 있다.

3 (2) 질량이 더 이상 변화하지 않는다면 구리가 모두 산화구리로 바뀐 것이다.

(3) 0.5g - 0.4g = 0.1g

(4) 0.4g : 0.1g = 4 : 1

(5) 구리의 질량과 생성되는 산화구리의 질량은 비례하므로 1.2g의 구리에서 생기는 산화구리의 질량을 Xg이라고 하면 0.4g : 0.5g = 1.2g : Xg X=1.5g

4 (1) BTB 용액은 산성에서 노란색, 중성에서 초록색, 염기성에서 파란색이 된다.

(3)(4) 수산화나트륨 수용액을 10mL 첨가했을 때 수용액의 색이 초록색이 되었으므로 수용액은 중성이다. 수소 이온과 수산화 이온은 모두 중화에 사용되고 수용액 속에는 나트륨 이온과 염화 이온만 존재한다. 수분을 증발시키면 나트륨 이온과 염화 이온이 결합한 염화나트륨이 생긴다.

물리 p.161~162

1 (1) 실상 (2) 굴절 (3) 아래 그림

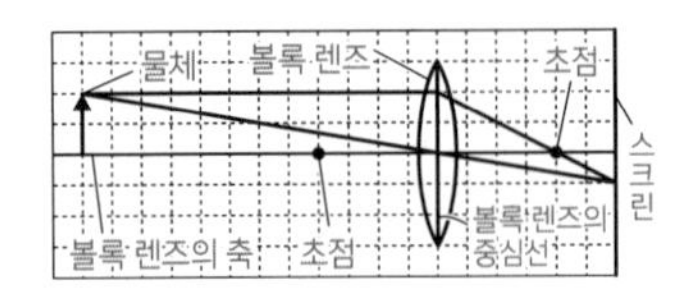

(4) ① 허상

② ex. 실물보다 큰 상이 실물과 같은 방향에 보인다.

2 (1) a : 5Ω b : 15Ω

(2) 1.6A (3) 0.8A (4) 1.8W

(5) ex. (-)전하를 가진 전자가 전열선 속을 이동하기 때문이다.

3 (1) 오른쪽 그림

(2) 수직 항력

(3) 나

(4) 빨라진다.

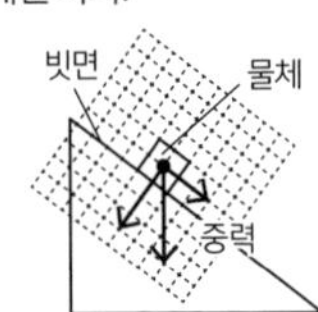

(5) ex. A점과 C점의 높이 차가 커지므로, C점에서 물체가 가지는 운동 에너지가 더 커지기 때문이다.

4 (1) 0.5J (2) 2.5N

(3) 0.2m (4) 0.5J

(5) ex. 움직도르래를 사용하면 당기는 힘은 반이 되지만 당기는 거리가 두 배가 되므로 일의 크기는 같다.

해설

1 (3) 볼록 렌즈의 축에 평행하게 진행하는 빛은 볼록 렌즈에서 굴절하여 반대편 초점을 통과한다. 볼록 렌즈의 중심을 통과하는 빛은 그대로 직진한다.

2 (1) a : $\frac{4V}{0.8A}$ = 5Ω b : $\frac{3V}{0.2A}$ = 15Ω

(2) $\frac{8V}{5\Omega}$ = 1.6A

(3) 각 전열선에 3V의 전압이 가해지므로 전열선 a에는 0.6A, 전열선 b에는 0.2A의 전류가 흐른다. 따라서 전체 전류는 0.6A + 0.2A = 0.8A 이다.

(4) 3V × 0.6A = 1.8W

(5) (-)전하를 가진 전자가 전열선 내에서 (-)극에서 (+)극 방향으로 이동하기 때문에 전류가 흐른다.

3 (1) 중력을 대각선으로 하는 평행사변형(이 경우는 직사각형)을 그리면 이웃한 두 변이 분력이 된다.

(3) 중력의 빗면에 평행한 분력이 계속 작용하므로 높이가 낮은 점을 통과할 때가 물체의 속도가 더 빠르다.

(4)(5) A점의 위치 에너지 - C점의 위치 에너지 = C점의 운동 에너지 운동 에너지가 클수록 물체의 속도가 빨라진다.

4 (1) 용수철저울을 당기는 힘의 크기가 5N이므로 일의 크기는 5N × 0.1m = 0.5J이다.

(2) 움직도르래 양쪽의 줄이 추를 매달고 있으므로 줄을 당기는 힘의 크기는 [그림 1]의 절반이 된다.

(3) 움직도르래의 양쪽 줄을 각각 0.1m씩 당겨야 하니까 0.2m이다.

(4) 2.5N × 0.2m = 0.5J

(5) 움직도르래와 같은 도구를 사용하더라도 일의 양은 변함이 없다. 이것을 일의 원리라고 한다.

지구과학 p.223~224

1 (1) B

(2) a : 반정 b : 석기 (3) 다

(4) ex. 마그마가 지하 깊은 곳에서 천천히 식고 굳어져 만들어진다.

2 (1) 주요동

(2) 5초

(3) P파 : 8km/s S파 : 4km/s

(4) ex. 대륙판 아래로 해양판이 끌려 들어갈 때 일어난다.

3 (1) 저기압 (2) 한랭 전선

(3) 다 (4) 적란운

(5) ex. 편서풍의 영향으로 이동성 고기압이나 저기압이 서쪽에서 동쪽으로 이동하기 때문이다.

4 (1) 가 (2) D (3) 오리온자리

(4) D

(5) ex. 일 년에 걸쳐 태양의 남중고도와 낮의 길이가 변화하기 때문이다.

해설

1 (4) 마그마가 지하 깊은 곳에서 천천히 식으면 각 광물의 결정이 크게 성장하여 등립상 조직이 된다.

2 (2) 7시 45분 22초 - 7시 45분 17초 = 5초

(3) A 지점과 C 지점 사이의 거리는 56km - 16km = 40km
이 거리를 P파가 가는 데 걸린 시간은 7시 45분 19초 - 7시 45분 14초 = 5초이므로 P파의 속도는
$\frac{40km}{5s} = 8km/s$
같은 거리를 S파가 가는 데 걸린 시간은 7시 45분 26초 - 7시 45분 16초 = 10초이므로, S파의 속도는
$\frac{40km}{10s} = 4km/s$

(4) 해양판이 대륙판 밑으로 끌려 들어가는 곳에 해구가 생긴다.

3 (2)(3) 10시~11시 사이에 기온이 급격히 내려간 것으로 보아, 이 시간대에 한랭 전선이 통과했음을 알 수 있다.

(5) 우리나라 일대의 상공에는 서쪽에서 동쪽으로 부는 편서풍이 있다.

4 (2) 북반구가 태양 쪽으로 가장 많이 기울어 있는 A가 하지, 태양 반대쪽으로 가장 많이 기울어 있는 C가 동지이다.

(3) 지구에서 볼 때 태양과 같은 방향에 있는 별자리는 보이지 않는다.

(4) A 위치에서는 한밤중, B 위치에서는 저녁, D 위치에서는 새벽에 전갈자리가 남중한다.

(5) 여름에는 태양의 남중고도가 높고 낮의 길이가 길어지며, 겨울에는 남중고도가 낮고 낮의 길이도 짧아진다.

왜냐고 묻고 원리로 답하다
질문하는 과학실

초판 1쇄 펴냄 2019년 7월 12일
5쇄 펴냄 2022년 4월 5일

지은이 학연플러스
옮긴이 이선주

펴낸이 고영은 박미숙
펴낸곳 뜨인돌출판(주) | 출판등록 1994.10.11.(제406-251002011000185호)
주소 10881 경기도 파주시 회동길 337-9
홈페이지 www.ddstone.com | 블로그 blog.naver.com/ddstone1994
페이스북 www.facebook.com/ddstone1994 | 인스타그램 @ddstone_books
대표전화 02-337-5252 | 팩스 031-947-5868

ISBN 978-89-5807-720-6 03400

어린이제품안전특별법에 의한 제품표시
제조자명 뜨인돌출판(주) **제조국명** 대한민국 **사용연령** 만 10세 이상